"十三五"江苏省高等学校重点教材（编号：2018-2-174）

明清近代服饰史

王静渊　庄立新　主　编

包荣华　唐　炜　副主编

化学工业出版社

·北京·

《明清近代服饰史》教材在传授学生服装史基本知识，培养传统服饰审美的基础上，以训练时装设计基本思维能力以及传统服饰艺术的传承和创新能力为目标。把服饰史中的服装知识点与当代服装设计应用相结合，在每个章节中添加了网络拓展内容和案例分析，学生通过扫描书中知识点对应的二维码，可以找到相应补充学习内容。书中最后提供了国内各大博物馆链接，引导学生在课后去博物馆参观。本书着重历史与设计的融合，内容翔实、案例丰富，史料确凿，理论与实践紧密结合。

《明清近代服饰史》教材面向服装与服饰设计、服装设计与工艺、人物形象设计、染织美术等专业学生，服务社会上服装设计专业学生和服装史爱好者。

图书在版编目（CIP）数据

明清近代服饰史/王静渊，庄立新主编.—北京：化学工业出版社，2019.11
ISBN 978-7-122-35775-5

Ⅰ.①明… Ⅱ.①王… ②庄… Ⅲ.①服饰-历史-中国-明清时代-近代-高等职业教育-教材 Ⅳ.①TS941.742

中国版本图书馆CIP数据核字（2019）第258323号

责任编辑：蔡洪伟　　文字编辑：贾全胜
责任校对：宋　玮　　装帧设计：王晓宇

出版发行：化学工业出版社（北京市东城区青年湖南街13号　邮政编码100011）
印　　装：北京缤索印刷有限公司
787mm×1092mm　1/16　印张15½　字数354千字　2020年6月北京第1版第1次印刷

购书咨询：010-64518888　　售后服务：010-64518899
网　　址：http://www.cip.com.cn
凡购买本书，如有缺损质量问题，本社销售中心负责调换。

定　价：76.00元

前言

FOREWORD

《明清近代服饰史》是根据常州纺织服装职业技术学院“服装与服饰设计”省品牌专业建设所需编写的中国服装服饰史教材。选择明清和近代服饰素材作为教材内容，一是教学所需。二是因为明清近代服饰基本上代表了中国历史上三种不同的服装形态。明朝服饰基本继承了中华民族汉族朝代传统服饰的所有特点，是汉族服饰发展的巅峰，也是我们学习中华民族汉族服饰的最佳典范。清朝是中国最后一个由满族少数民族统治的封建王朝，它改变了中华民族服饰的发展走向，是满汉服饰文化的成功融合，同时还是中华民族服饰发展史的高峰，在审美、装饰、工艺等方面都超过了以往任何一个朝代。中国近代，尤其是民国时期是古代与现代服饰承前启后的重要历史时期，对我们现代时装发展影响深远，至今仍然影响着我们当代时装流行的走向，是我们研究服装史绝对不能忽视的历史阶段。教材将以民国时期作为近代典型代表着重进行介绍。三是明清和近代的历史距离我们现代较近，能够获取丰富的史料，在国内外的博物馆能够看到众多这段历史时期的实物供我们学习借鉴。四是本教材主要针对服装设计专业学生和传统服饰爱好者，不面向服装史论专业学生。主要目的除了传授中国传统服饰基础知识，让学生对中国服饰有基本的认知之外，更重要的是让学生学会如何使用历史中出现的服饰资料为服装设计专业服务，从而提升学生的设计专业技能。因此本书并未系统地介绍中国所有朝代的服装服饰内容，而是只挑选相对重要、有代表性的三个历史时期进行介绍。而且，还有相当篇幅放在民族服装的现代传承和设计训练中，让学生结合最新服装设计理论学习服装史，达到同时加深对服饰史和服装设计应用的认识和理解。

本教材由王静渊、庄立新教授、包荣华、唐炜等老师共同编撰完成。其中王静渊老师和庄立新教授为主编，完成教材绝大部分内容的编撰和整合，王静渊老师还负责每个专题模块二现代设计应用部分和专题四应用主题训练部分的全部撰写工作。包荣华老师负责每个历史专题中的色彩与图案项目的编写，唐炜老师作为中国十佳服装设计师，为教材提供了丰富的服装实物和图片资料。教材的成功完成，离不开学校相关领导和老师们的大力配合和鼎力协助，教材编写团队对在编写过程中给予帮助和指导的领导和老师表示诚挚的感谢！

中国服饰历史悠久，是取之不尽的文化艺术宝藏。作为一名当代服装设计师和教育工作者，应该肩负起继承传统服饰艺术，传播中华民族优秀服饰文化的责任。我们在编写教材时，始终怀着对中华服饰文化艺术的无限的敬仰和热爱，希望这本教材能够激发学生学习传统服饰文化的兴趣，引导学生传承中华民族优秀的服饰文化，从而产生对中华民族深刻的民族自豪感和自尊心。

作为中华民族的一分子，继承、发扬、传播民族优秀传统服饰文化，我们责无旁贷。

编者

2019 年 10 月

目录

CONTENTS

专题一　明朝服饰分析及设计思维开拓

专题二　清朝服饰分析及设计思维开拓

专题三　近代服饰分析及设计思维开拓

专题四　传统服饰元素在现代设计语汇下的应用主题训练

专题一

明朝服饰分析及设计思维开拓

模块一

中国明朝服饰发展脉络及服饰特征分析

项目一　明朝服饰款式

【学习重点】

1. 明朝男女服装款式样式与名称。
2. 明朝帝后官员在不同穿着场合下服装款式的样式规则。
3. 明朝服装款式结构与款式图。

一　明朝皇帝皇室大臣男服

（一）皇帝服装款式分析

1. 皇帝冕服

（1）冕

二维码 1-1　明朝皇帝冕示意图

冕又称平天冠（如图 1-1），由綖板、旒、冠武、玉簪等组成，是皇帝搭配冕服佩戴的冠服。

图1-1　冕

（2）玄衣

明朝皇帝冕服分上衣，下裳。皇帝冕服上衣用玄色，故称玄衣。服制为交领、大袖，领、袖、衣襟等处施本色缘边；下衣则为纁裳。明朝冕服继承了传统的十二章纹饰，永乐三年定玄衣上织日、月、龙、星辰、山、火、华虫、宗彝（yí）八章（如图 1-2）。

图1-2

图1-2　玄衣示意图

（3）纁裳

冕服下裳用纁（xūn）色（浅红色），故称纁裳。纁裳有前后两片，前片三幅，后片四幅，前后片于腰部连接在一起（如图1-3）。纁裳的裳幅形状都为长方形，每幅上都需要将其折叠出褶子，称为“襞（bì）积”。永乐三年规定纁裳前片左右各织十二章纹中的四章，一对藻、粉米、黼、黻，排成两行。

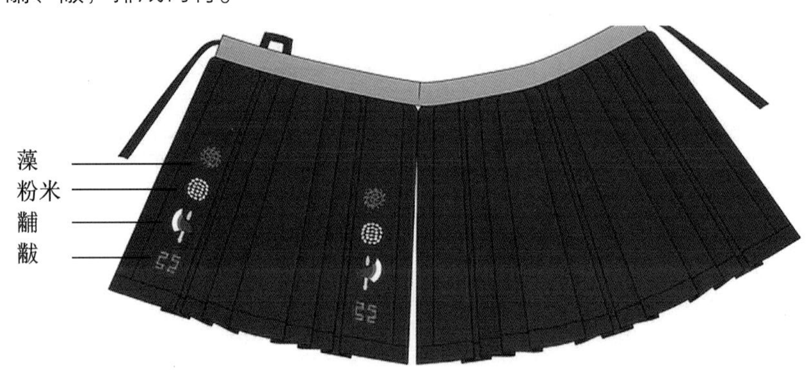

图1-3　纁裳

（4）中单、蔽膝及大带

明代皇帝冕服中单材质为素纱，交领，大袖，缘边为青色，领部织十三个黻纹（如图1-4，图1-5）。蔽膝颜色与纁裳一致，三尺为其长度，二尺为其宽度，蔽膝缘边均为本

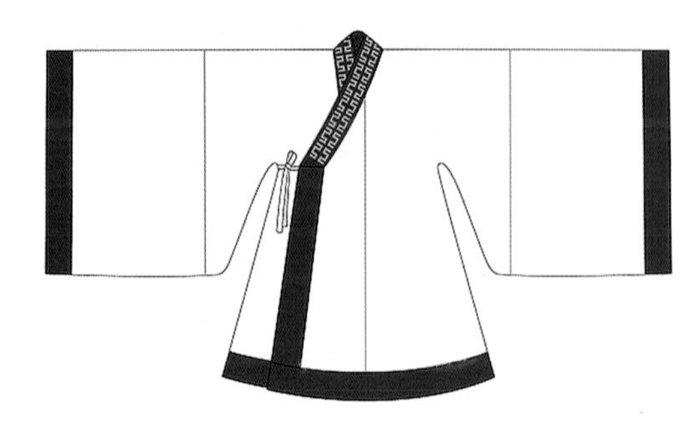

图1-4　中单示意图

图1-5　明 素白纱红领黻文中单

色，缘边的接缝中用五彩绦紃（xún）加以装饰，上缘缀一对玉钩。蔽膝与纁裳一样，需要左右对称各织一对藻、粉米、黼、黻（如图 1-6）。大带主要由束腰和垂带两部分组成。束腰部分缀有假结和耳，以纽襻扣纽系。大带内外颜色不同，红色一面朝内，白色一面朝外。腰和垂的缘边称为綼（bì），腰綼为红色，垂綼为绿色（如图 1-7）。

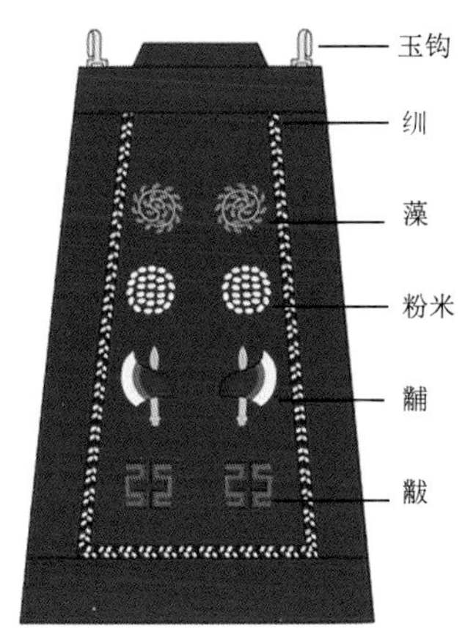

图1-6 蔽膝

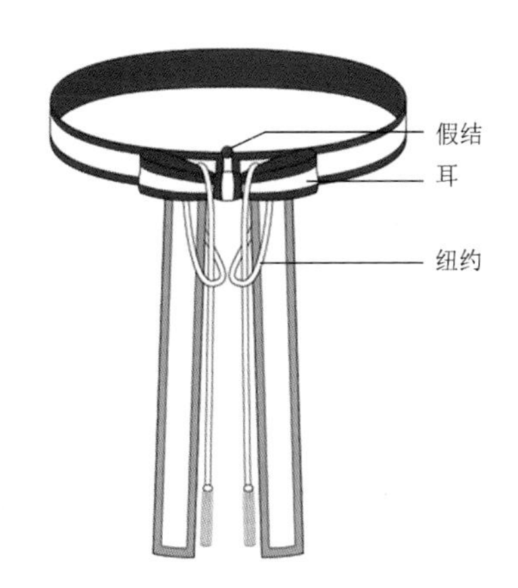

图1-7 大带

（5）玉佩、小绶及大绶

明朝皇帝冕服搭配有玉佩、小绶及大绶（如图 1-8、图 1-9）。

二维码 1-2 玉佩、小绶及大绶示意图

玉佩有两组，每组都有描金龙纹珩、瑀、玉花、冲牙各一件，玉滴、琚和璜各一对。走动时相互碰撞产生十分清脆悦耳的声音。玉佩下是一对长条形小绶，与大绶颜色、纹样相同。大绶的织彩中涵盖黄、白、赤、玄、缥、绿六种颜色，大绶衬里为纁色，上部为菱形纹，下部为竖条纹。大绶上垂有织带六条，也叫小绶（与玉佩小绶非一物），颜色与大绶六彩相同，分成三组编结并悬挂玉环三枚，环上饰龙纹。

图1-8 北京定陵出土 明万历皇帝玉佩
定陵博物馆藏

图1-9 长陵神道石像背面“大绶”

（6）袜、舄和玉圭

明代皇帝冕服的袜、舄（鞋）均为红色，舄形状与靴相像，鞋头形状为如意云纹，云纹缘边为黄绦，中间所缀缨结为黑色，鞋帮缘边均为黑色（如图 1-10、图 1-11）。

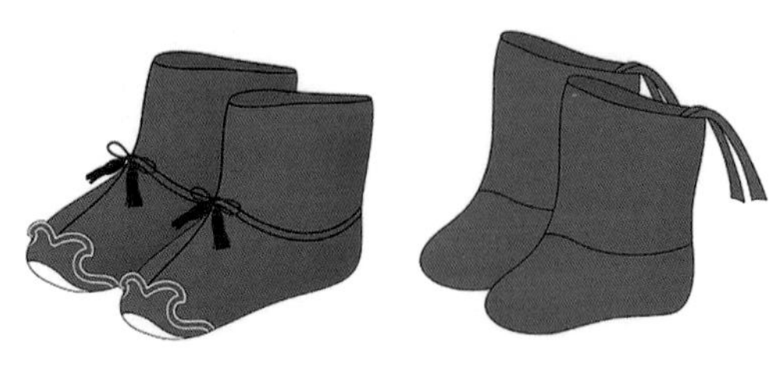

图1-10　袜、舄示意图

图1-11　赤舄

玉圭顶部尖锐如匕首状，底部都为平直形状，周长为一尺二寸，山纹四个刻于圭身，下端则为黄绮。玉圭平日装于饰金龙纹、底部有盖，外形、大小和玉圭相似的玉圭袋中（如图1-12）。

2. 皇帝皮弁服

皮弁服（弁 biàn）是明代皇帝、皇太子及亲王、世子、郡王的朝服。皇帝在朔望视朝、降诏、降香、进表、四夷朝贡、外官朝觐时穿皮弁服。

（1）皮弁

二维码1-3　皮弁服效果图

明代皮弁是搭配皮弁服的礼帽（如图1-13）。皮弁以细竹丝编结成六角形网格状作为内胎，上涂黑漆，内衬红素绢一层，外敷黑纱三层，弁身用包金竹丝分缝。皇帝弁身分12缝，亲王用9缝、世子用8缝、郡王7缝。

二维码1-4　皮弁示意图

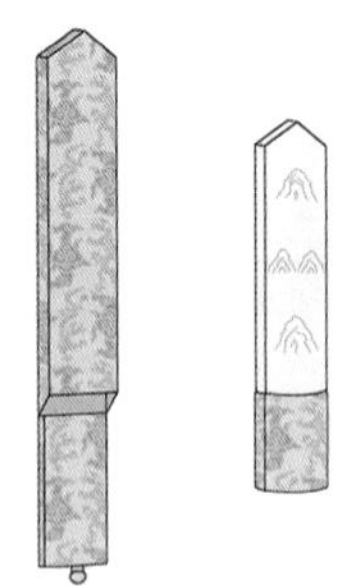

图1-12　玉圭、玉圭袋示意图

图1-13　明代亲王九缝皮弁

（2）绛纱袍

皮弁服上衣为大红色，故称绛纱袍或绛纱衣，交领、大袖，领、袖、衣襟等处皆施本色缘边，衣身不加任何纹饰，不用十二章等（如图1-14）。

（3）红裳

皮弁服下裳与冕服所用相同红色，分为前后两片，前片三幅，后片四幅、共裳腰，裳幅上折有襞积（褶子）。裳前后片的两侧与底边施本色缘边。红裳上亦不织章纹（如图1-15）。

图1-14　绛纱袍

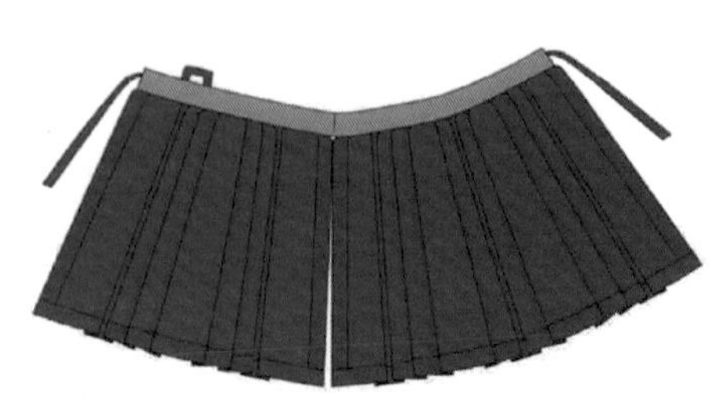

图1-15　红裳

（4）中单、蔽膝

皮弁服中单为深衣形制，用素纱制作，交领，大袖，衣身上下分裁，腰部以下用十二幅拼缝，领、袖、衣襟均施红色缘边，领部织有黻纹十三个（如图 1-16）。蔽膝为红色，施本色缘，形制与冕服蔽膝相同，不加纹饰，上缀玉钩一对，用以悬挂（如图 1-17）。

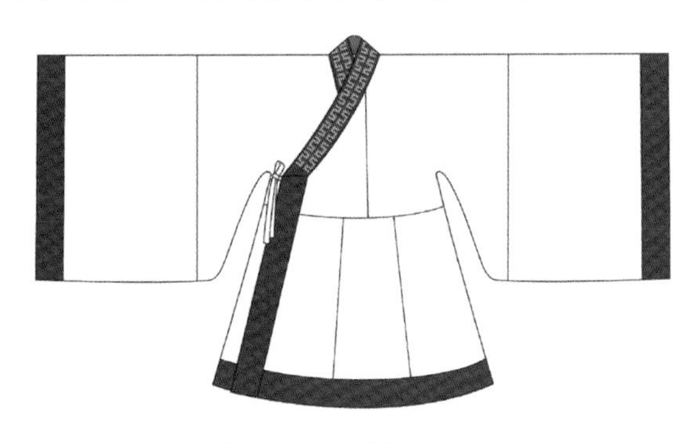

图 1-16　中单示意图

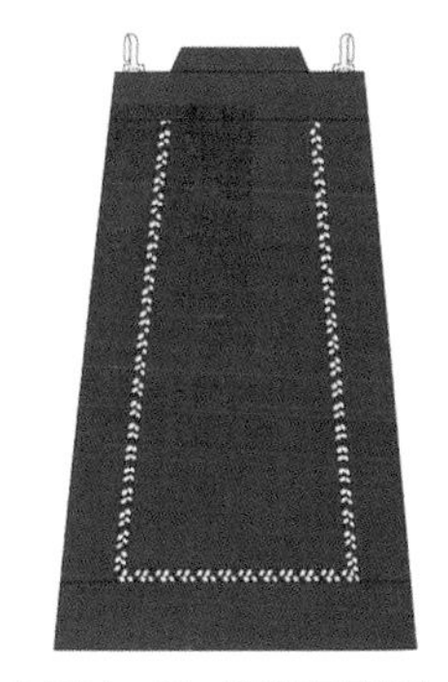

如图 1-17　蔽膝示意图

（5）玉圭、大带、玉佩、小绶、大绶、袜、舄

玉圭长度与冕服之圭相同，大带、玉佩、小绶、大绶、袜、舄都和冕服所用相同（皮弁服下用革带）。

二维码 1-5　皇帝常服效果图

3. 皇帝常服

明代皇帝常服使用范围最广，适用于常朝视事、日讲、省牲、谒陵、献俘、大阅等场合。皇帝常服以圆领、搭护、贴里作为标准搭配（如图 1-18）。皇太子、亲王、世子、郡王的常服形制与皇帝相同，但袍用红色。

图 1-18　明成祖朱棣（1403—1424 年在位）画像

戴翼善冠，穿窄袖四团龙常服袍，束玉銙带

二维码 1-6 翼善冠示意图

（1）翼善冠

翼善冠是皇帝搭配常服佩戴的皇冠。用乌纱冒于外，冠后立有折角一对，末端朝上，冠之后山正面还保留有类似早期幞头系结、系带的装饰。明孝宗以后，折角末端由尖角变为圆弧形。明穆宗时，又在翼善冠上加饰嵌有珍珠宝石的金二龙戏珠（如图 1-19、图 1-20）。

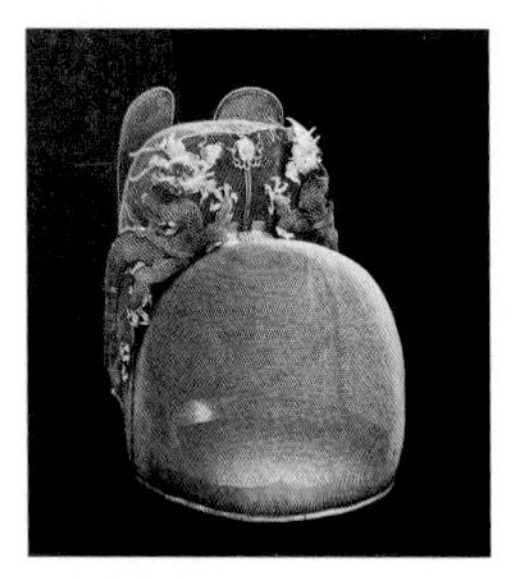
图 1-19 北京定陵出土明代万历皇帝金丝翼善冠
定陵博物馆藏

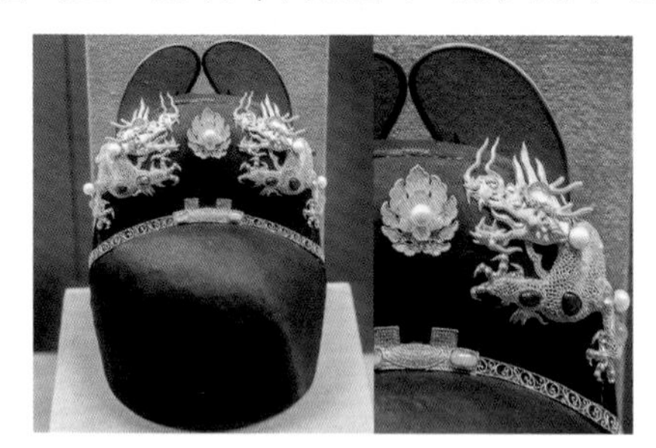
图 1-20 明万历乌纱翼善冠（细节）
首都博物馆藏

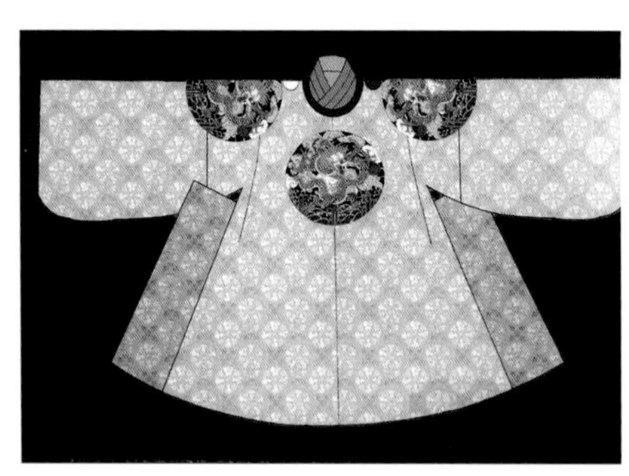
图 1-21 圆领

（2）圆领

皇帝圆领为皇帝常服袍，又称“衮龙袍”，为黄色，后期也有其他颜色。领部右侧钉纽襻扣一对，大襟钉系带两对。早期圆领的两袖在袖口处逐渐收窄，后来变为宽袖，底边呈弧形，袖端开口，有极窄的缘边。袍身两侧开裾，在两侧各接出一片“摆”，共四片摆。在前胸、后背、左右肩处饰有团龙纹样，在后襟腰部两侧钉有带襻，用来悬挂革带（如图 1-21 ~ 图 1-23）。

图 1-22 明孝宗皇帝常服画像

图 1-23 定陵出土 明万历红缂丝十二章万寿如意衮服（复制件）

（3）搭护

二维码 1-7　搭护示意图

二维码 1-8　贴里款式图

搭护为交领、短袖或无袖，领部通常缀有较宽的白色“护领”，右侧腋下扎带固定，衣身两侧开裾，并接有双摆，穿着时衬于圆领袍的摆内（如图 1–24）。

（4）贴里

穿常服时，贴里可穿在圆领、搭护之下。贴里的形制与曳撒相近，都是上下分作两截，只是贴里前后襟都断开。腰部以上为直领、大襟、右衽，腰部以下做褶，形似百褶裙。大褶上还有细密的小褶，无马面。衣身两侧不开裾，亦无摆（如图 1–25）。

图 1–24　明　徐俌墓出土杂宝纹搭护

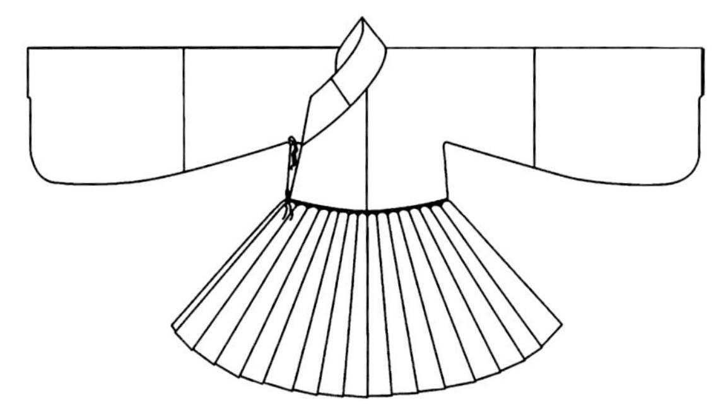
图 1–25　贴里示意图

（5）革带

皇帝常服革带常用玉带銙（带版），故也称“玉带”（如图 1–26）。玉带銙共二十枚，外形大小各不相同，都有特定的名称：三台（大小共 3 枚）、圆桃（6 枚）、辅弼（2 枚）、挞尾（2 枚）、排方（7 枚）。带鞓（tīng）用皮带制成，外包红色或黄色织物，表面饰描金线五道（如图 1–27）。标准革带的带鞓一般分作三段：左段、右段和后段。左段、右段各钉副带一条，上有小孔，后段两端有金属扣与副带连接，通过小孔调节带鞓围度。整条革带的开口处在正前方三台处，以金属插销作为开合机关。

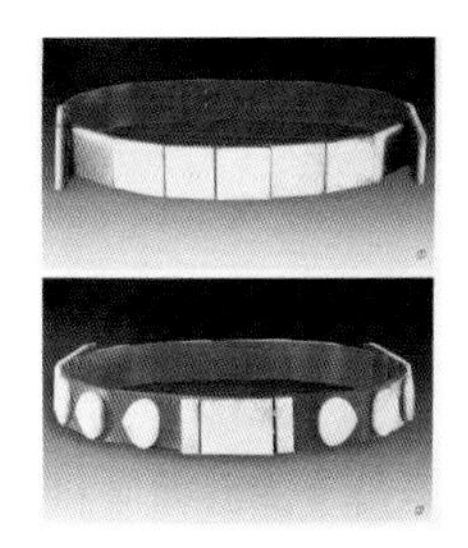
图 1–26　北京定陵出土玉革带（1 背面，2 正面）
通长 146 厘米，宽 7 厘米，玉饰件重 2497 克
定陵博物馆藏（曾发表于《定陵掇英》）

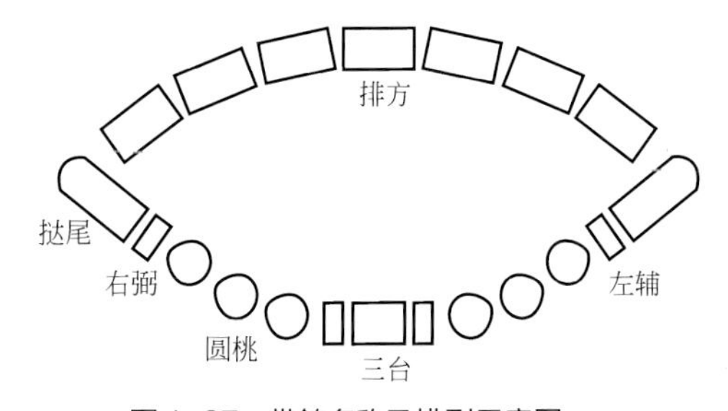

图 1–27　带銙名称及排列示意图

（6）靴

与皇帝常服相搭配的皂（黑色）靴，用皮革制作（如图 1–28、图 1–29）。靴筒由左右两片缝合而成，靴面则分为三片，前面两片，后跟一片。靴筒内常衬有织物制作的护膝，靴底为粉白色，因此也称为“粉底皂靴”。明后期还出现过其他材质的靴，如红缎单靴和毡靴。

图 1-28　皂靴示意图

图 1-29　皂靴

（7）青服

皇帝青服，又称青袍，也叫青色圆领，是明代皇帝在帝后忌辰、丧礼期间或谒陵、祭祀等场合所穿。青服圆领素净没有装饰纹样和团龙补子。革带用乌角（黑牛角）带銙，深青色带鞓。

二维码 1-9　皇帝燕弁冠服效果图

4. 燕弁冠服

燕弁冠服是明世宗和内阁辅臣张璁参考古人所服“玄端”而特别创作的服装，用作皇帝的燕居服。

（1）燕弁冠

皇帝燕弁冠与皮弁冠相同，外冒乌纱，弁身前后各分十二缝，每缝压以金线（不缀玉珠）。冠前装饰五彩玉云各一，冠后列四山（如图 1-30）。

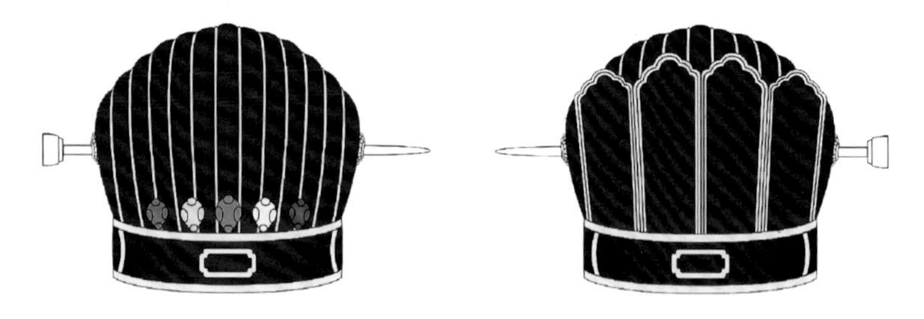

图 1-30　燕弁冠（正面及背面）

（2）玄端服

玄端服衣身为玄色，领、袖、衣襟等处用青色缘边，前胸绘蟠龙圆补，后背绣双龙方补，缘边施以五彩龙纹八十一，领缘与袖缘用龙纹四十五，衽（衣襟侧边）与前后齐（下摆缘边）用龙纹三十六（如图 1-31、图 1-32）。

图 1-31　玄端服（正面）

图 1-32　玄端服（背面）

（3）深衣

深衣为穿在玄端服下的衬衣，衣身黄色。衣袖（袂）为圆弧形，袖口（祛）方直。下裳用十二幅拼缝，底边平直，“上衣”之中缝、背缝与“下裳”之中缝、背缝上下垂直相接，衣长至踝（如图 1-33）。但燕弁冠服所用的深衣与传统深衣还是有不同的地方，如衣身颜色、不施缘边等。

图 1-33　明　本色葛纱袍深衣　孔府旧藏

孔府传世服饰，现藏孔府文物档案馆

二维码 1-10　深衣示意图

（4）素带

素带朝外一面（表）为青色，朝内一面（里）为朱红色，带身及下垂部分用绿色缘边，另在腰围装饰长方形龙纹玉带銙（玉龙）九片，四片在前，五片在后（如图 1-34）。

（5）玄履、白袜

履为玄色、施朱缘，履首缀有黄结。袜子用白色（如图 1-35、图 1-36）。

图 1-34　素带

图 1-35　玄履

图 1-36　白袜

5. 皇帝便服

明代皇帝便服是日常生活中穿着的休闲服装，在款式、形制上和一般士庶男子没有太大区别，也不刻意强调上下等级之别，多以舒适实用为主。常见的样式有：曳撒、贴里、道袍、直身、氅衣、披风等。

（1）曳撒

曳撒，也叫一撒（如图 1-37）。正面即前襟为上下分裁，腰部以上为直领，大襟、右衽。腰部以下形似马面裙，正中为马面，两侧打褶，左右接双摆。服装背面即后襟通裁不断开。在《朱瞻基斗鹌鹑图》中能看到皇帝和侍从都穿着曳撒的形象（如图 1-38）。

二维码 1-11　曳撒示意图

图 1-37　明朝正德　四合云地柿蒂窠过肩蟒妆花缎曳撒

图 1-38　朱瞻基斗鹌鹑图（局部）

二维码 1-12　皇帝贴里效果图

（2）贴里

贴里也是一款皇帝便服，既可以外穿也可以穿在外衣内做衬衣（如图 1-39）。贴里的形制根据褶子可分为大褶、顺褶等不同款式：大褶贴里，前后有三十六或三十八个褶，间有缀本等补；顺褶贴里，褶上不穿细纹，俗称马牙褶。

图 1-39　万历皇帝的大红寿字云肩通袖贴里

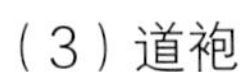

（3）道袍

皇帝道袍又称褶子、海青，是明代中后期男子最常见的便服款式之一，也可作为衬袍使用。道袍通常为交领、大襟、右衽，小襟用系带一对、大襟用系带两对作为固定，大袖收口，衣身左右开裾，前襟（大、小襟）两侧各接出一幅内摆，缝于后襟内侧，穿着时可以避免道袍下面的衣服露出，同时又宽松便于活动（如图 1-40、图 1-41）。

图 1-40　道袍正面图

图 1-41　道袍结构示意图

（4）直身

二维码 1-13　皇帝直身效果图

直身也称直领，形制与道袍相似，直领、大襟、右衽，衣襟用系带固定，大袖收口、衣身两侧开裾，大、小襟及后襟两侧各接一片摆在外（共四片），有的在双摆内再加两片衬摆。双摆的结构是区分道袍与直身的标志。

（5）氅衣

氅衣是明代比较传统的便服款式，多作为春、秋和冬季的外套，穿于道袍之上，可用于遮风御寒。氅衣的形制为直领、对襟、大袖，袖口敞开。衣襟用长带系住，两侧一般不开裾。衣身用色及纹样无要求，但浅色较多，领、袖和衣襟均以皂色或深色缘边（如图 1-42）。

（6）披风

披风是明代后期男子比较流行的便服，其功能、材质与氅衣相同，外形也十分相似。披风为直领、对襟，领的长度为一尺左右，敞口大袖，领、袖、衣襟均不施深色缘边，衣身两侧开裾，衣襟用系带固定或用花形玉纽固定（如图 1-43）。

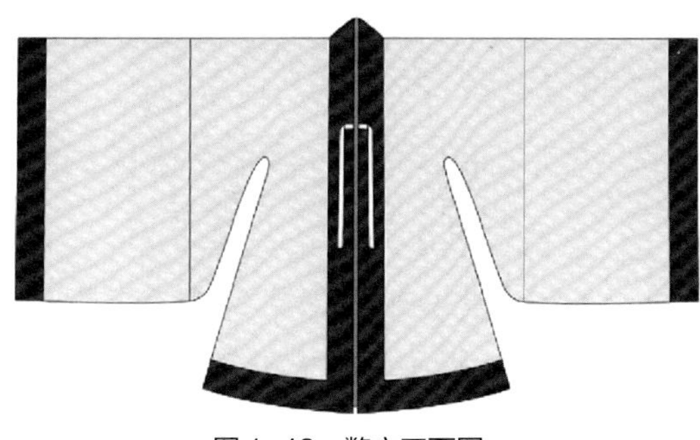

图 1-42　氅衣正面图

图 1-43　披风正面图

6. 皇帝吉服

皇帝吉服是指在时令节日及寿诞、筵席等各类吉庆场合所穿的服装。明代皇帝吉服尚未进入制度，因此在具体形制上没有严格标准。明代皇帝吉服款式与常服或便服相同，如圆领、直身、曳撒、贴里、道袍等。颜色多用红色、黄色等喜庆颜色，纹饰则较常服、便服更为华丽精美，图案题材多用具有吉祥寓意的纹样。

根据穿着场合与时令变化，吉服可分为如下几种。遇圣节穿着的寿服，多饰有“万寿”等祝寿的吉祥纹样，为帝后寿诞时所穿。元宵节的灯服，使用灯笼纹样的面料或者补子，为元宵节时穿着。端阳节穿着的五毒吉服，服装装饰有“五毒”纹样。年例则穿岁进龙服，即饰有龙纹的各式龙袍。

7. 皇帝武弁服

明代皇帝武弁服为皇帝行亲征遣将礼和祭祀天地时所穿着。武弁冠为赤色，上部尖锐，弁身作十二缝，缀五彩玉珠；韎（mèi）衣、韎裳、韎韐（gé）：都用赤色，形制与其他礼服相同；佩、绶、革带：与其他礼服所用相同，佩、绶及韎韐，都悬挂于革带；舄与裳色相同；玉圭：与冕服所用镇圭形制相同，但尺寸略小，玉圭上刻篆文“讨罪安民”四字。武弁服不用大带。

二维码 1-14　皇帝武弁冠服效果图

思考题

1. 皇帝哪些场合穿着的服装需要佩戴大绶、小绶和玉佩，其形制是否相同？
2. 皇帝常服需要搭配哪些服装和配饰穿着？

任务实践

1. 整理皇帝服饰款式种类，并挑选其中某一品类服装绘制整体款式图。
2. 观察整理该品类中的服饰元素，并绘服装细节图。

二维码 1-15　案例分析：明朝皇帝十二章纹样

（二）官员服装款式分析

1. 官员朝服

朝服是文武百官在祭天地、庆礼、正旦、冬至等重大场合穿着的服装。官员朝服，头戴梁冠，着赤罗衣，青领缘白纱中单，青缘赤罗裳，赤罗蔽膝，赤、白二色绢大带，革带，佩绶，白袜黑履，手持笏板。以冠上的梁数和衣裳上佩带的组敕纹饰区别官品等级，梁数越多品级越高（如图 1-44 ~图 1-50）。

二维码 1-16　五梁冠示意图

图 1-44　明后期　孙士美朝服像

图 1-45　明　五梁冠　孔府旧藏

图 1-46　明　青缘赤罗朝服　上衣　孔府旧藏

图 1-47　明　青缘赤罗朝服　下裳　孔府旧藏

2. 官员祭服

祭服是官员在陪皇帝祭祀郊庙、社稷时穿着的一种礼服。官员祭服规定一品至九品，皂领缘青罗衣，皂领缘白纱中单，皂缘赤罗裳，赤罗蔽膝，方心曲领，冠带佩绶同朝服。家用祭服，三品以上去方心曲领，四品以下并去佩绶。明定陵神道两旁有大量的人兽形象石刻。其中官员的祭服形制极具代表性，头戴七梁冠，项饰方心曲领，脚穿舄（鞋），手持笏板。根据明制，其七梁冠和后绶仙鹤纹样，为一品文官（如图 1-51）。

图1-48　明　青领缘白地罗中单　孔府旧藏

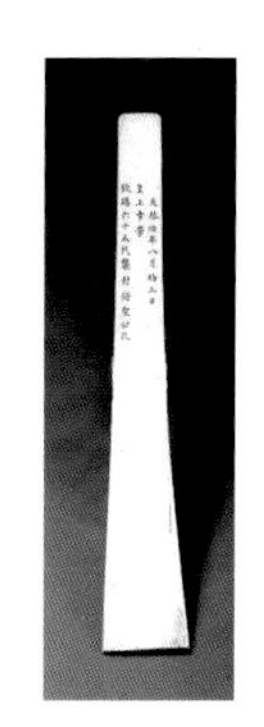

图1-49　明　六十五代衍圣公朝笏　孔府旧藏

图1-50　云头履（官员朝鞋）

图1-51　定陵神道文官石像及其三服垂袖规制

“方心曲领”原流行于宋代，洪武元年定，皇帝祀郊庙、省牲、皇太子诸王冠婚、醮戒时，服通天冠、绛纱袍，用方心曲领。洪武二十六年定，文武官员一品至九品，陪皇帝亲祀郊庙社稷时，祭服为梁冠、青罗衣、赤罗裳，亦用方心曲领。明嘉靖时，方心曲领制被废除。

3. 官员公服

公服是百官上朝奏事、侍班、谢恩、辞见及地方文武官员处理公务时所穿的袍服，其式为圆领大襟右衽，袖宽三尺，用纻丝、纱、罗、绢制作（如图1-52、图1-53）。袍的长度文武不同，文官衣服尺寸追求观瞻，而武官、军士衣服则追求实用。文官袍长离地一寸、袖口九寸；武官袍长离地五寸、袖口仅出拳便于行动。穿公服时，头戴展角幞头（如图1-54）。

图1-52　明　官员公服像　孔府旧藏

图1-53　素面赤罗公服袍　孔府旧藏

图1-54　明　展脚襆头　孔府旧藏

图1-55　明代乌纱帽

4. 官员常服

常服是我们常说的官员补服，是官员的日常服装。洪武二十六年后，官吏着常服时头戴乌纱圆帽，身着圆领衫，配革带（如图1-55、图1-56、图1-57）。补服以补子为等级之分。补子是织绣在袍服前胸后背的一种方形纹饰，边长约四十厘米，公、侯、伯、驸马等人补子为麒麟、白泽；文官绣禽纹，象征文官的智慧与高雅；武官绣兽纹，象征武官的勇武与凶悍；法官则绣獬代表公正严明。

图1-56　文官常服图

图1-57　明　仙鹤补红罗袍　孔府旧藏

5. 官员燕居服

明嘉靖七年，对明朝职官退朝燕居所穿的衣服也作了规定。衣式效法古代的玄端服，取名“忠静”，以期达到“上朝想着尽忠，退朝想着补过”的目的。

图1-58　明　忠静冠　王锡爵墓出土

忠静冠是明代的官员退朝闲居时所戴的一种帽子。它仿照古代的玄冠，冠帽以铁丝为框，麻布里，外蒙乌纱或乌绒。冠形略呈方形，中间微突，前部有冠梁，冠后竖立两个山形帽翅，冠顶方平而中间稍稍隆起，以金线压出梁，梁数根据官职的品级而定（如图1-58）。三品以上，冠边用金线压边，四品以下用浅色丝线压边。

忠静服用深青色的纻丝纱罗制成，交领、大袖，下长至膝（如图1-59、图1-60）。三品官以上，织有云纹，四品以下，不用纹饰，皆以蓝青色镶边。在袍服前后，缀以补子，所绣花样，与常服相同。服下为玉色深衣，腰间白色大带。脚穿白色袜子、白色鞋，用青绿色带子系结。这种燕居服饰，按照规定在京城只允许七品以上官员以及八品以上的翰林院、国子监、行人司穿用；在外地允许地方长官、各府长官、州县的正职官、儒学教官穿用；武官只有都督以上的官员可以穿用，其余的人不允许滥用。

图1-59　明　蓝暗花纱缀绣仙鹤燕居服（忠静服）
山东曲阜孔子博物馆藏

图1-60　明　一、二品武官暗花缎地织
金狮子补右衽窄袖袍

思考题

观察《十同年图》中每位官员的官服，回答图中官员的品级。

二维码 1-17　十同年图

任务实践

1. 整理明朝官员服饰款式种类，并挑选其中某一品类服装绘制整体款式图。
2. 整理该品类中的服饰元素，绘制细节图。

二维码 1-18　案例分析：蟒服、飞鱼服、斗牛服、麒麟服

二 明朝皇亲贵胄命妇女服

（一）皇后服装款式分析

1. 皇后礼服

二维码 1-19　明代皇后礼服效果图

皇后礼服是明代后妃的朝、祭之服，皇后在受册、谒庙、朝会等重大礼仪场合穿着礼服。洪武三年，朝廷参考前代制度拟定皇后冠服，以袆（huī）衣、九龙四凤冠等作为皇后礼服。永乐三年对冠服制度进行了修改，定皇后礼服为九龙四凤冠、翟衣、黻领中单等，此后一直沿用。

（1）九龙四凤冠

二维码 1-20　皇后礼服皇冠

九龙四凤冠为皇后搭配礼服佩戴的凤冠。凤冠用漆竹丝编成圆形冠胎，表面冒以翡翠纱。冠顶用翠龙九条、金凤四只。明初凤冠制为大金龙在凤冠正中，口衔大珠下垂珠结一串，其余龙凤口衔珠宝珠滴围绕凤冠。冠身上部铺点翠镶珍珠的如意云，下饰大珠花、小珠花、珍珠宝石钿花及翠钿。博鬓安在凤冠后部，前端如椭圆形，往后渐收，左右各三扇，博鬓朝向下方（或前方）一侧的边沿缀有珠络，并垂珠滴（如图 1-61 ~ 图 1-63）。

图1-61　北京定陵出土明孝靖皇后六龙三凤冠

图1-62　明孝靖皇后凤冠（细节1）

图1-63　明孝靖皇后凤冠（细节2）

（2）珠翠面花、珠排环、皂罗额子

珠翠面花是皇后贴在脸部的饰物，参考了宋朝制度，常在宋朝皇后画像中见到（如图1-64）。明朝珠翠面花共有五件（五事）：一件贴于额部，正中为一颗大珠，周围有四颗小珠，间缀翠叶四片；二件贴于两靥，各嵌一颗大珠，缀翠叶五片；二件分别贴在左右眉梢末端靠近发际处，以六颗珍珠连排，缀翠叶十二片。

珠排环是皇后的耳饰，以金丝将珍珠串成长坠子，末端镶大珠一颗，上部则饰珍珠、翠叶等，各用S形金钩一个。

皂罗额子亦称抹额，呈长方形戴在额部，用皂色罗制成，饰有描金云龙纹样，在底边缀珍珠二十一颗，两侧各有系带一根。明代皇后礼服像中可以看到凤冠底边露出的一排珍珠，即是皂罗额子（如图1-65）。

图1-64　头戴凤冠，着珠翠面花、珠排环、皂罗额子妆容皇后礼服像

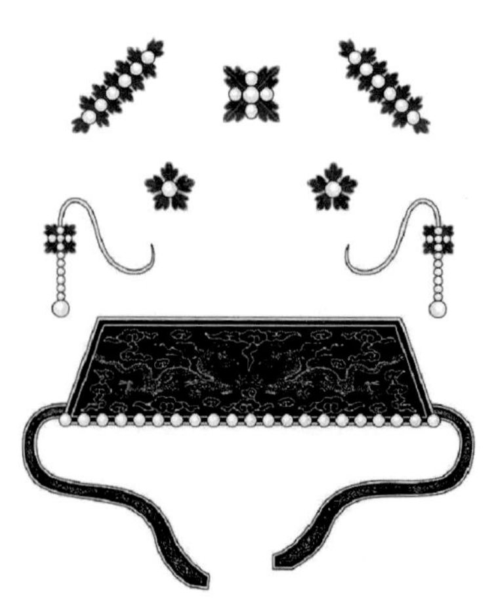
图1-65　珠翠面花、珠排环、皂罗额子

（3）翟衣

皇后翟（dí）衣，深青色，用纻丝、纱、罗制作。直领，大襟，右衽，大袖敞口，领、袖、衣襟等处施以红色缘边，饰金织或彩织云龙纹样（如图 1-66、图 1-67）。衣身织有翟纹（造型为红腹锦鸡，五彩羽毛）十二行，每行用翟十二对，应为一百四十四对，但因衣服的大襟与小襟交叠，可能有四对翟纹重复，故《明会典》中称“凡一百四十八对”。大襟及左袖（前身）的翟纹朝向右边，小襟及右袖（前身）的翟纹朝向左边，后身翟纹应与前身对称，但方向相反，即背缝（中线）两侧翟纹均面向袖口。翟纹之间装饰有小轮花，为圆形花朵，外有白色连珠纹一圈。每行（列）纹样均为翟纹与小轮花交错排列。翟衣身长至足，不用裳。

图 1-66　翟衣

图 1-67　孝端显皇后王氏头戴凤冠，身着翟衣画像

（4）中单、蔽膝、大带、副带

中单用玉色纱或线罗制作，领、袖、衣襟等处施红色缘边，领缘织有黻纹十三个（如图 1-68）。蔽膝深青色，正面织翟纹三行，每行两对，翟纹上下间以小轮花，一共四个。四周施青赤色缘边，饰金织或彩织云龙纹，上端缀系带一对（如图 1-69）。材质亦纻丝、纱、罗随用。

图 1-68　中单

图 1-69　蔽膝

大带内外两面（表、里）均为双色拼成，一半青、一半红，垂带末端一截则为纯红。带身饰织金云龙纹样。大带垂带部分与围腰部分连成一体，垂带末端裁为尖角状，上下两边均施缘边，上边用朱色缘，下边用绿色缘。围腰部分在开口处缀纽扣一对，不饰假结、假耳。副带以青绮制成，其所系部位与功能无明确记载，有可能是束在大带之下，用来系挂大绶、玉佩等（如图 1-70）。

（5）玉佩、小绶、大绶、玉圭

皇后玉佩形制与皇帝同（如图 1-71）。皇后玉佩下有小绶一对，颜色、纹样与大绶相同。大绶为长方形，用黄、赤、白、缥（piǎo）、绿五彩织成，纁色织物衬里。大绶上垂织带六条，也称作“小绶”，颜色与大绶五彩相同，分成三组编结，悬挂玉环两枚。

图 1-70　大带（下）、副带（上）

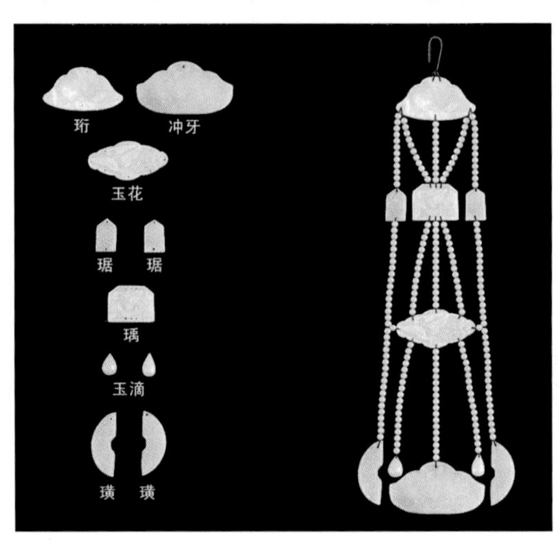

图 1-71　玉佩　安徽博物院藏

明代皇后礼服使用玉谷圭，长度合周尺七寸，尖顶、平底，圭身两面均刻有谷纹。谷纹为竖行排列的凸起状圆点，象征谷芽，取“谷以养人”之意。下部套有黄绮，用黄色金龙纹玉圭带装（如图 1-72、图 1-73）。

（6）玉革带、袜、舄

革带为一整条腰带，内衬皮革，外用青绮包裱，饰描金云龙纹（如图 1-74）。《明会典》记载：“玉革带，青绮鞓（tīng），描金云龙文。玉事件十、金事件四。”

袜以青罗制作，袜上有系带。舄用青绮制成，舄身饰描金云龙纹，在鞋帮处用皂线缘边。舄首上翘，做成如意云头形，上缀珍珠五颗（如图 1-75）。

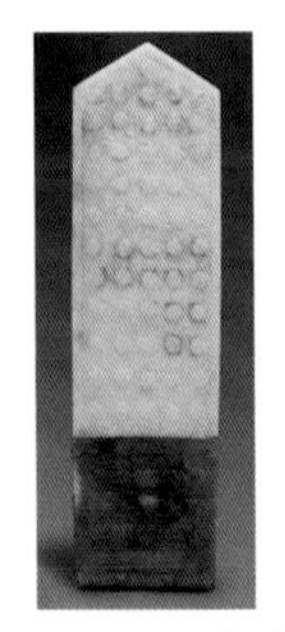

图 1-72　玉谷圭

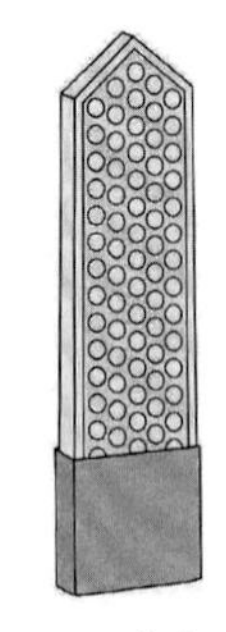

图 1-73　玉谷圭示意图

图 1-74　玉革带

图 1-75　青舄、青袜

2. 皇后常服

二维码 1-21　明朝皇后常服效果图

明代皇后常服也称作“燕居冠服”，其功能仅次于礼服，用在各类礼仪场合中。如皇后册立之后，具礼服行谢恩礼毕，回宫更换燕居冠服，接受在内亲属和六尚女官、各监局内使的庆贺礼。皇后常服制度经过了多次修订：洪武三年，定皇后燕居服双凤翊（yì）龙冠、诸色团衫、金玉带等；洪武四年改为龙凤珠翠冠、真红大袖衣、霞帔等；《明会典》永乐三年的制度中，皇后常服定为双凤翊龙冠、大衫、霞帔、鞠衣等。

（1）双凤翊龙冠

皇后双凤翊龙冠，也叫皇后燕居冠（如图 1–76）。燕居冠比礼服凤冠要小，冠口通常只罩住发髻，饰有一条金龙、两只凤凰，各式珠翠装饰（如图 1–77、图 1–78）。

图 1–76　明朝皇后三龙二凤冠

图 1–77　明朝凤冠翟冠所用金凤簪珠结

图 1–78　明成祖朱棣仁孝文皇后画像

戴龙凤珠宝冠　三博鬓　穿大衫霞帔（台北故宫博物院藏）

（2）大衫、霞帔、坠子

皇后大衫为黄色，材质纻丝、纱、罗随用，直领，对襟，领间缀纽扣三对，大袖敞口，后身比前身略长，背部缝有三角形“兜子”（明初兜子在大衫后身底部），用以收纳霞帔末端（如图 1–79）。

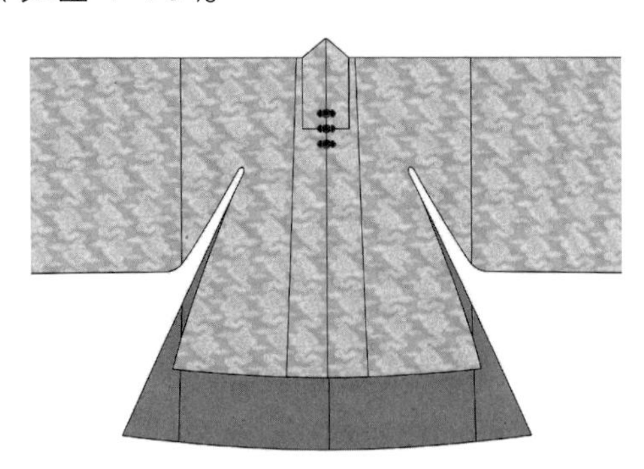
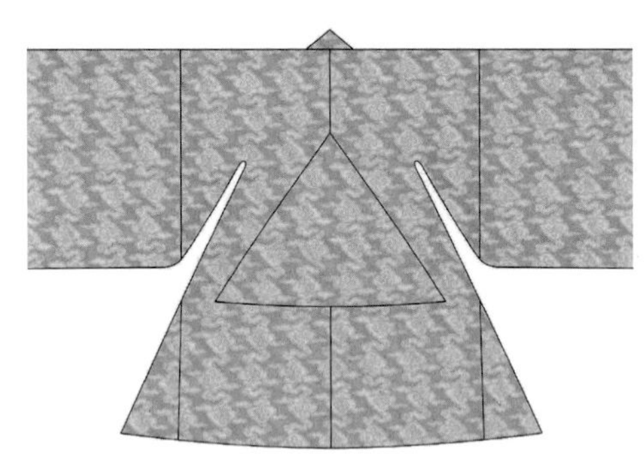

图 1–79　大衫（正面、背面）

霞帔为并列两条龙纹织带，皇后用深青色霞帔，明朝初期为红色。每条霞帔前后共饰八条织金云霞龙纹（或绣，或铺翠、圈金），用升降龙或全用升龙，两侧边缘饰以珍珠或圆珠纹样。霞帔的前端裁成尖角，末端平直，两条于尖端处缝合，并悬挂坠子，末端垂向身后，纳于大衫的“兜子”内。霞帔上还横缀青罗襻子一对，以使两条系连（如图 1–80、图 1–81）。

霞帔坠子多呈水滴形或椭圆形，上端有钩，挂在霞帔前端的横襻上。坠子的材质与纹饰根据等级各不相同，皇后用玉坠子，上缘云龙纹。皇妃、皇太子妃用凤纹玉坠子，亲王妃、世子妃用凤纹金坠子，郡王妃用翟纹金坠子（如图 1–82）。

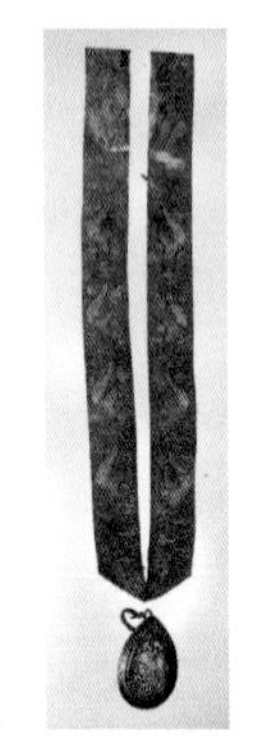

图 1–80　霞帔

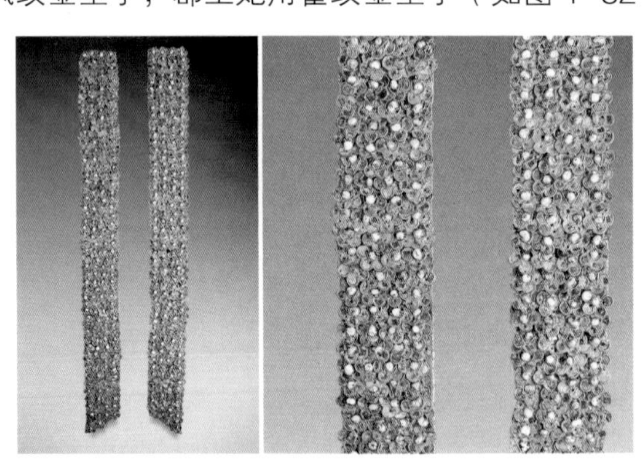

图 1–81　金累丝珍珠霞帔　明神宗定陵出土

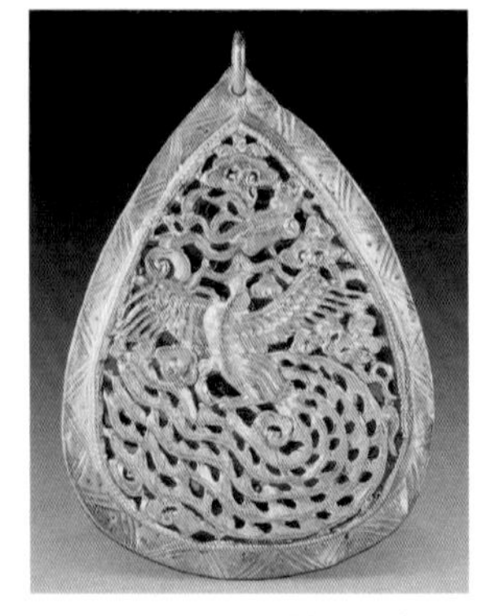

图 1–82　明　霞帔凤纹金坠子
江苏南京板仓村明墓出土

（3）鞠衣

明代皇后在大衫之下穿着鞠衣，红色，圆领，大襟，宽袖收口，衣身上下分裁，腰部以下为十二幅拼缝，仿深衣制（如图 1–83、图 1–84）。材质为纻丝、纱、罗，前胸、后背处织绣云龙团纹，也可不饰云龙纹（用素）和使用其他颜色。

（4）四褛袄子、缘襈袄子、缘襈裙

四褛袄子又称褙子，深青色，窄袖，直领，对襟（衣襟无中缝），穿着时以左襟向右掩，形成大襟右衽的效果。衣领施缘边，饰金云龙纹，衣身饰金绣五彩团龙纹样（如图 1–85）。

图 1-83 鞠衣示意图

图 1-84 明太祖朱元璋马皇后像
穿团凤纹右衽大袖衫 头梳金凤翠特髻

缘襈（zhuàn）袄子，黄色，直领，对襟，亦穿成大襟右衽式，窄袖，衣身两侧开衩，领、袖、衣襟等处施红色缘边，饰织金彩色云龙纹样（如图 1-86）。从明代皇后画像来看，自明英宗皇后开始，所穿袄子均为竖领式，领口缀一对金嵌宝石纽扣。

图 1-85 四褛袄子

图 1-86 缘襈袄子

缘襈裙，裙为红色，白色裙腰，裙腰两端缀白色系带一对，前身正中为一幅光面，两侧作密褶，左右各接一幅，围合重叠于身后。裙的底边与正幅、左右两幅的侧边均施绿色缘边（边襴），饰织金彩色云龙纹样（如图 1-87）。

（5）大带、玉带

大带以红线罗制成，束于鞠衣腰部，颜色和鞠衣同，四边皆施缘边，围住腰部后在前身盘绕成结，余端下垂（如图 1-88）。

玉带即革带，《明会典》记载："玉带，青绮鞓（tīng），描金云龙文，玉事件十，金事件三。"其形制与礼服的玉革带相同，带身为一整条，外用青绮包裱，饰描金云龙纹（如图 1-89）。

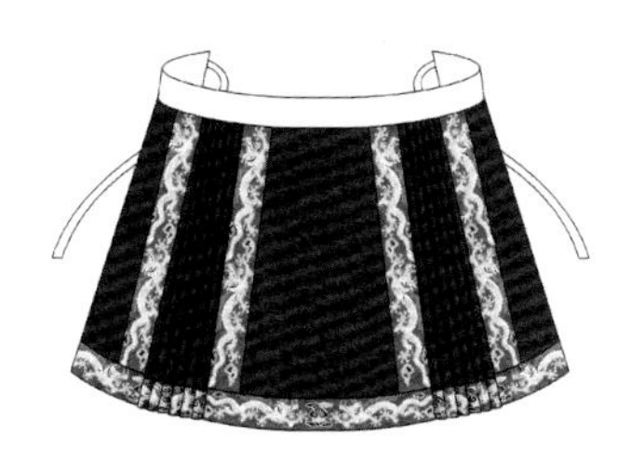

图 1-87 缘襈裙

图 1-88 大带

图 1-89 玉带

（6）玉花彩结绶、白玉云样玎珰

玉花彩结绶（如图 1-90）用红、绿线罗各一条，编成花结，正中缀玉绶花一块，缘云龙纹。花结下垂有绶带一对（即红绿线罗编结后的余端），带之末端裁成尖角，两面各缀金垂头花板一片（共四片），并饰玉坠珠三颗（共六颗），另有小金叶六个。此外，还有红线罗系带一条，和礼服所用青绮副带相似，可能是束在革带或大带之下，用来系挂玉花彩结绶和白玉云样玎珰。

白玉云样玎珰，即常服所用之“佩”。顶部缀金钩一个，下为金如意云盖，形似玉珩，两面钑云龙纹，衬以红绮，下系红丝线五根，缀金方心云板一件，两面亦钑云龙纹并衬红绮。之下有金长头花四件和小金钟一个，小金钟缀于方心云板下正中一根红丝线上，左右四根丝线分别缀金长头花。丝线末端缀白玉云朵五个（如图 1-91）。

图 1-90　玉花彩结绶

图 1-91　红线罗系带、玉花彩结绶、白玉云样玎珰示意图

3. 皇后吉服

明代后妃的吉服用于各类吉庆场合，如节日、宴会、寿诞及其他吉典，没有严格的制度规定，所用材质、颜色与装饰丰富多样，并随着时代潮流而变化。目前所见明代后妃的吉服，款式多与便服一致，唯纹饰工艺更加精致讲究（如图 1-92）。

正面

背面

图 1-92　缂丝葫芦八团牡丹莲花海水江崖纹西藏式长袍

袍长 118 厘米，袖子通长 165 厘米，两袖用云蟒纹绮垫料缝接

4. 皇后便服

皇后便服是日常生活中的着装，和官员士民女子区别不大，款式以上衣下裙为主（如图1-93）。

图1-93　北京定陵孝靖皇后棺内中部出土洒线绣蹙金龙百子戏女夹衣

衣长71厘米，两袖通长163厘米　定陵博物馆藏

思考题

1. 皇后礼服凤冠的造型样式变化。
2. 皇后礼服与常服的区别。

任务实践

1. 整理皇后服饰款式种类，并挑选其中某一品类服装绘制整体款式图。
2. 提取皇后服饰品类中的服饰元素，绘制细节图。

二维码1-22　案例分析：凤冠源起与明朝凤冠

（二）命妇服装

命妇，指受有封号的妇女，多指官员的母、妻。明代官员命妇是女性中的一个特殊阶层，服饰式样与后妃、平民妇女都不相同，其服饰式样自成体系，有严格的规定。具体而论，命妇服饰可以划分为朝服和常服两类，都是在非常隆重的礼仪场合使用。

1. 命妇朝服

明朝规定，凡命妇入内朝见君后，在家见舅姑丈夫及祭祀，则穿礼服，即朝服。命妇朝服（如图1-94）一般由彩冠、霞帔、大袖衫及褙子组成，以颜色、纹样区别等级。霞帔上绣禽纹七个，前四后三，下坠坠子一个，坠子四周为云霞纹，中间嵌有禽纹一个，禽纹与霞帔上的禽纹一致。配件包括象牙笏板一个。凤冠也以金属丝网为胎，上缀金玉珠翠与珠宝流苏，并以“花钗”区分品级。洪武元年定，一品至五品命妇服色紫，六品至七品命妇服色绯。

图1-94　明太祖姐（陇西恭献王李贞原配）孝亲曹国长公主朱佛女画像

戴珠翠九凤冠，穿龙纹大衫，凤纹霞帔（中国国家博物馆藏）

（1）冠服

命妇在冠服（如图1-95、图1-96）、耳坠、首饰、服色上有严格的等级区别，钗多为贵，首饰玉为贵，金次之。翟冠为命妇搭配朝服佩戴的冠服，根据官员品位不同，翟冠上所饰配件有所差异。皇后、皇太子妃佩戴凤冠，亲王妃、妃嫔以下，包括官员妻子用翟冠。

图1-95　明　徐光启夫人画像　戴珠翠庆云冠，穿大衫霞帔

（美）王己千藏（发表于《中国织绣服饰全集》）

图1-96　命妇冠服示意图

（2）霞帔

霞帔则是命妇、贵妇礼服的专用配饰。明代帔子经头颈垂于胸前，像一条彩霞环于身，左右各长五尺七寸，宽三寸二分，上面绣花和禽纹样各七个，两端缀有圆形金、银、玉等材料制成的坠子（如图1-97、图1-98）。命妇依据各自丈夫的品级分别着不同纹饰的霞帔，洪武五年定：一、二品命妇，霞帔用蹙金绣云霞翟纹；三、四品命妇，霞帔用蹙金绣云霞孔雀纹；五品命妇，霞帔用绣云霞鸳鸯纹；六、七品命妇，霞帔用绣云霞练鹊纹；八、九品命妇，霞帔用绣缠枝花纹。

图 1-97　明代霞帔复原图

图 1-98　明　鎏金嵌宝镶白玉绶带帔坠
1993 年上海市黄浦区打浦桥顾东川夫人墓出土

（3）大袖衫

大袖衫又称大衫，是宗室女眷和大臣命妇穿着的礼服中的主要服装。领宽三寸，两领下垂一尺，中间缀缝纽扣三颗，领底部缀缝纽扣两颗，上面装饰假纽，跪拜时解开这两颗纽扣（如图 1-99）。后妃衫色为大红，命妇衫色为真红（如图 1-100）。在洪武二十四年，增加了命妇在朝见皇帝后在家拜见公公婆婆和丈夫以及家庭祭祀穿着的礼服。这种礼服主要也是以大袖衫为主，辅以霞帔、褙子，依品级有所不同。大袖衫、霞帔上的禽纹按照品级予以区分。大袖衫质料一品命妇到五品命妇可用可用纻丝、绫罗，六品到九品命妇可用绫罗、绸绢。

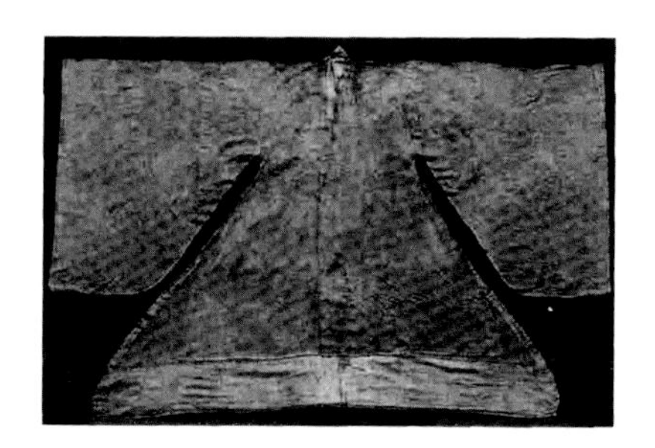

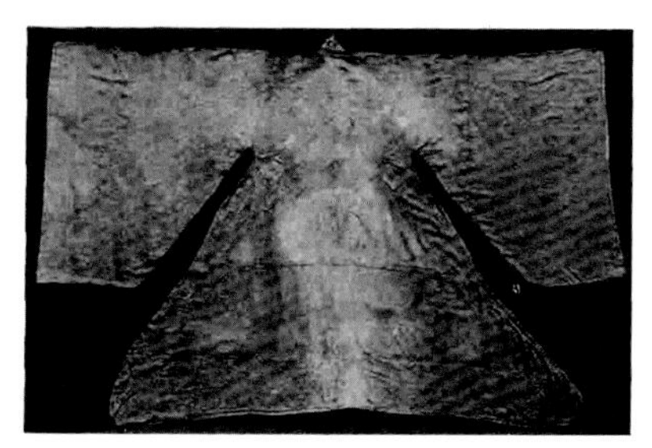

图 1-99　江西南昌吴氏墓出土大衫

图 1-100　穿戴凤冠霞帔命妇画像

（4）褙子

褙子是礼服的组成部分，为合领，对襟，宽袖，衣长与裙齐平，左右腋下开衩，衣襟敞开，有时用绳带固定（如图 1-101、图 1-102）。大袖的褙子只在衣襟上以花边作装饰，并且领子一直通到下摆，其颜色和纹饰依品级与霞帔相同。

图 1-101　明　桃红纱地彩绣花鸟纹褙子

图 1-102　明朝妇女褙子示意图

2. 命妇常服

洪武四年定，冠服为珠翠角冠，金珠花钗装饰。命妇的常服由长袄、长裙组成。长袄为阔袖杂色衣，衣长过膝，领袖均饰缘边，衣边为绿色（如图 1-103）。下裳长裙多为素色裙。按照品级不同，常服装饰各不相同（如图 1-104）。

图 1-103　明　孔府旧藏　赭红缎地双凤纹补女袍

图 1-104　命妇常服（着长袄、长裙）复原图

思考题

1. 命妇霞帔的造型样式以及随着品位不同款式的变化。
2. 命妇礼服由哪些服装和配饰组成？

任务实践

1. 整理命妇服饰款式种类，并挑选其中某一品类服装绘制整体款式图。
2. 提取命妇服饰品类中的服饰元素，绘制细节图。

二维码 1-23　案例分析：明朝命妇服制

三 平民服装款式分析

（一）平民男子服装

1. 冠服

（1）巾

巾常用缣帛裁成方形，因其长宽与布幅相等，故名“幅巾”。大多是一幅布帛，使用时覆在头部，临时系扎。后来出现一些头巾，事先被折叠成型，用时直接戴在头上，无须系扎。如东坡巾、飘飘巾、四方平定巾等，均属此类，实际上均属帽子之类。因此，“巾”和“帽”在习惯上也常常被混为一谈。巾为平民百姓之首服，直到东汉以后才贵贱通用。

a）网巾

网巾是最具明朝特色的巾帽，它不分贵贱，皇帝士庶皆可佩戴。网巾多以黑色细绳、马尾或棕丝编成，亦有用绢布制成者。一般是衬在冠帽之内，也可以直接露在外面。在网巾的上部，亦开有圆孔，并缀以绳带，使用时将发髻穿过圆孔，用绳带系拴（如图 1–105）。

b）四方平定巾

四方平定巾是明初颁行的一种方形软帽，意在歌颂四方平定，为职官、儒士所戴的便帽，以黑色纱罗制成，其形四角皆方，所以又名“四角方巾”（图 1–106）。四方平定巾初兴时，高矮大小适中，其后款式变化，到明末则变得十分高大，故民间常用“头顶一个书橱”来形容。

c）东坡巾

东坡巾也称“东坡帽”，又称“子瞻样”，士人所戴头巾。以乌纱为之，制为双层，前后左右各折一角，相传宋代苏东坡首戴此巾，故名东坡巾（如图 1–107）。东坡“巾前后左右各以角相向，着之则角界在两眉间”。

图 1–105　明朝男子网巾

图 1–106　四方平定巾

图 1–107　头戴东坡巾士人画像

d）九阳巾、两仪巾

九阳巾，帽前上方有九道梁垂下，故又称“九梁巾”（如图 1–108）。道教思想中，九为最大数，又为阳数，代表天。九阳巾，体现了道教天人合一的思想，也包含了道教教徒侍奉上天的意思。现代正一派道士还常戴九梁巾。

图 1–108　九阳巾

两仪巾，巾上绘有日和月，故称“两仪”。“两仪”还可以理解为乾坤（天地）、阴阳、清浊、男女。广义上，甚至一切属性相反的事物都可以理解释义为“两仪”。九阳巾和两仪巾都是道士所戴的巾帽。

e）飘飘巾

飘飘巾是明代士大夫所戴的一种便帽。缪良云的《中国衣经》中描写："明代儒生戴的一种巾式，巾顶尖如屋顶，前后各披一片，前片上缀有玉质帽花，后垂两条带。"帽脊前后各有一篇长方形布披，因行走时随风飘动，十分洒脱，故名（如图1-109）。

图1-109　飘飘巾

f）儒巾

儒巾，也叫披云巾，是明代儒士、士人常戴的一种头巾。据明代王圻《三才图会》记载："儒巾，古者士衣逢掖之衣，冠章甫之冠，此今之士冠也。凡举人未第者皆服之。"儒巾以漆藤丝或麻布为里，黑绉纱为表。帽围呈圆形，巾身由四片布帛缝制而成，顶部四角隆起，呈方形，后有两条垂带。

g）凌云巾

凌云巾简称"云巾"。两侧及后背用金线或绿线盘成云纹，故以"凌云"呼之。明代士人所戴头巾，贩夫走卒中也有模仿者，以示风雅，明代中期较为流行。

h）笼巾

笼巾以细藤编成，外表涂漆，左右分为两扇，顶部方平；前有银花牌饰，中附一蝉，并簪以立笔；两侧各缀三枚小蝉，左侧插一貂尾。笼巾不单用，使用时加罩在进贤冠上，形似一笼。宰相以及亲王，随帝祭祀或重大朝会均可加此。

（2）帽

a）六合一统帽

六合一统帽亦称"小帽""便帽""圆帽"。因结构成六瓣，尔后合为一体，故以"六合一统"为名，寓意为天下归一。此帽由六瓣或八瓣罗帛缝接而成，顶端为平或圆形，在缝间稍饰玉石类装饰，夏天用结综或漆纱，冬天用绒或毡（如图1-110）。这种帽子原本是执役厮卒等社会下层人所佩戴，后来因觉得方便，士庶阶层也开始取用。这种帽式一直沿用至清，因其形状与西瓜皮相似，又名"瓜皮帽"。

b）瓦楞帽

瓦楞帽，帽顶折叠，形似瓦楞，故名。用牛、马尾等编织而成。明初多用于儒生，嘉靖以后广施民间，遂为平民所服（如图1-111、图1-112）。

图1-110　六合一统帽

图1-111　瓦楞帽

图1-112　瓦楞帽示意图

c）大帽

大帽是一种有大沿的帽子，它适合在野外活动，可以遮阳、防雨，所以也叫"遮阳帽"（如图1-113）。该帽式从蒙元传入中原，到明朝仍然十分流行明朝大帽样式与元朝略有不同，分为暖帽和凉帽，暖帽帽檐上翻；凉帽帽檐平伸，与元朝形制类似。

d）一盏灯：明代男子所戴的便帽。以铁丝为框，纱罗为表，圆顶，帽檐呈莲瓣状，顶部以竹杆、藤木条挑出一截，上有球形装饰。因形如一盏油灯而得名。初为僧帽之一种，后庶民亦戴。

图 1-113　明朝　大帽图

e）烟墩帽、钢叉帽、中官（即宦官）帽均为宫廷内侍所戴的帽式。三者最大的区别在于：烟墩帽式如大帽，檐直而顶稍细；钢叉帽帽后二山交叉直竖；中官帽帽后垂有两条方带。

（3）束发冠

束发冠是明朝男子固定头发的发冠，主要罩在头巾之下，同时在头巾下还能若隐若现，是明朝男子含蓄的头饰（如图 1-114）。

图 1-114　江西南城县明益宣王朱翊鈏墓出土琥珀发冠

（4）幞头

幞头创于后周武帝，以皂绢向头后幞发，故称为“幞头”。明代帝王百官常朝礼见也戴幞头。皇帝用于常服，百官则用于公服。根据形制的不同，幞头有如下几种：

a）展脚幞头：亦称“直角幞头”“平脚”“平脚幞头”“舒角幞头”“长角幞头”。以铁丝、竹篾制成两脚，长如直尺，外蒙皂纱，附缀于幞头之后，始于唐代中后期（如图 1-115）。宋代用作官帽，据史籍记载，两脚伸展，是为了防止官员上朝站班时交头接耳，元明时期沿用。

b）交脚幞头：亦作“交角幞头”。一种双脚朝上、两相交叉的幞头，多用于宫廷仪卫（如图 1-116）。

c）局脚幞头：亦称“曲脚幞头”“卷脚幞头”“折脚幞头”“弓脚幞头”，双脚弯曲的幞头（如图 1-117）。

图 1-115　明　展脚幞头　孔府旧藏

图 1-116　交角幞头

图 1-117　曲脚幞头 山东博物馆藏

（5）帻

帻者，是用巾将四周头发整齐向上，并使其束发不乱。起初帻为平民所服，平民无冠，仅用此饰；贵族有冠，则加于帻上。明代有“黑介帻”，皇太子等搭配通天冠服之，也可作为宫廷舞、乐者所戴之帽。还有“空顶帻”，亦称“半帻”，无顶之帻。系扎时遮住额部，缠绕一周。

（6）笠

明代农民使用最多的还是笠，以竹箬、棕皮、草葛及毡类等材料编成的敞檐帽子。它多用作遮日、蔽雨，形制大多为圆形，有檐。洪武二十二年有明确规定：“农夫戴斗笠、蒲笠，出入市井不禁。不亲农者不许。”由此可知，笠为农民专有物，不参加农业生产的不能戴，看起来是尊重农民，其实是一种限制。常见的是斗笠，另外，因质料不同，还有蒲笠、毡笠、藤笠等。

2. 男服

（1）圆领

明朝圆领衣由唐代圆领袍衫发展而来，官员、平民百姓都可穿着。圆领又称盘领，领呈圆形，领口有沿边，右衽，宽袖，领子的外襟开端处有纽扣，衣襟处有系带固定（如图 1-118、图 1-119）。官员圆领衣衣裾两侧有插摆而平民百姓没有，并且官员衣袖多宽大，而平民衣袖为窄袖。

图 1-118　江苏扬州出土明盘领大袖襕衫（《中国历代服饰艺术》）

（2）曳撒

曳撒，也叫一撒（如图 1-120）。正面上下分裁，大襟、右衽、长袖，腰部以下形似马面裙，正中为马面，两侧打褶，左右接双摆。服装背面即后襟通裁不断开。

图 1-119　明　蓝色素罗大袖盘领袍　孔府旧藏

图 1-120　妆花罗柿蒂过肩蟒通袖曳撒

（3）贴里

贴里为直领、大襟、右衽，窄袖，腰部以下做褶，形似百褶裙（如图 1-121），是一种上衣与下裳相连的束腰袍裙。形制与曳撒相近，都是上下分作两截，只是贴里前后襟都断开。可穿在圆领、搭护之下。

（4）搭护

搭护，又称半臂。交领，无袖或短袖，衣身两侧开衩并接双摆，在穿着时衬于圆领袍的摆内（如图 1-122）。

（5）直身

直身也叫直裰，是一种衣身宽松，衣袖宽大，膝下拼一横幅为襴，故又称襕衫。款式为

图1-121　贴里

图1-122　明　湖色暗花纱袢臂（搭护）孔府旧藏

交领，右衽，宽袖，衣身左右开衩，四周镶大宽边，前系二带，为明代家居常服（如图 1-123、图 1-124）。明代的儒生也穿这样的服装，举人、贡生、监生穿蓝色四周镶黑色宽边的直身，故亦称蓝袍。后举人、贡生改为穿黑色直身，生员仍穿蓝袍。

图1-123　明　蓝色暗花纱单袍　孔府旧藏

图1-124　董传策像（身着蓝地直身）

（6）罩甲

罩甲也称“齐肩”，是一种外褂，圆领、短袖或无袖，下长过膝，一般用纱罗纻丝制作，穿着时罩在窄袖衣外面（如图 1-125）。明代有两种罩甲款式，一种是对襟式，只有骑马的人才可穿用；一种是非对襟式，士大夫所穿用。黄色罩甲为军人穿用。

（7）对襟衫

对襟衫可分为对襟合领或对襟直领式（如图 1-126）。在明代，对襟衫长袖的不多，多为半长袖对襟短袄，先为骑马时所穿，后来士大夫也开始穿着。

图1-125　明　圆领罩甲　孔府旧藏
孔府传世服饰，现藏孔府文物档案馆

图1-126　身着对襟衫男子图

（8）袄、衫

袄和衫款式相似，交领、右衽，衣长短及腰上下，比襦长比袍短，男女均可着。袄比衫面料厚实，通常以厚实的织物制成，内缀衬里，俗谓“夹袄”。也可在其中纳以棉絮，做成一种寒衣，俗谓“棉袄”。

（9）裳

裳，又称“下裳”。遮蔽下体之服，男女尊卑，均可穿着。“裳”呈一筒式，其形与今裙相同，其制出现于远古时期。古代布帛门幅狭窄，通常需要七幅布帛拼合而成，前三幅后四幅，在腰部施褶，两侧各开一道缝隙（如图 1-127）。汉代以后，惟礼服中保留此制。如明代皇帝的纁裳、黄裳，皆用于礼服。

（10）裤

裤本作“绔”。穿着时分别套于两腿，系结于腰带。“绔”本是无裆的。绔如果有裆，则称“裈”。明朝的裤，一般指长裤（如图 1-128）。还有一些特殊形制，比如：踢袴、犊鼻裈。踢袴是一种小口裤，以碾光绢制成，白色，上有间道，明代宫廷舞者穿服。犊鼻裈属于短裤，下不过膝。因裤式短小，两边开口，若牛鼻两孔，故名，省称“犊鼻”。因形制简陋，为田野村夫之服，不登大雅之堂。

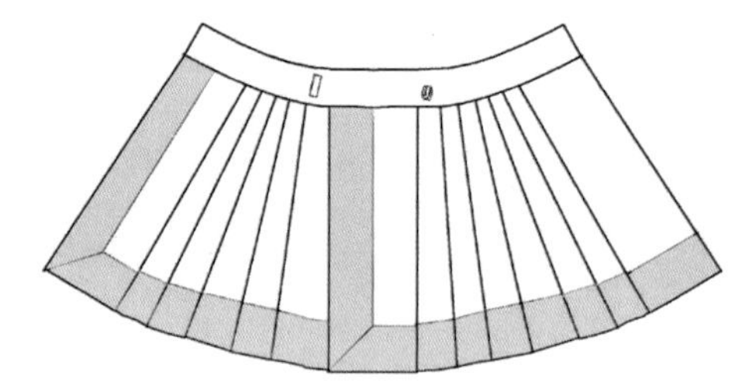

图 1-127　裳款式图

图 1-128　明朝　黄苏绫丝棉裤

（11）腿绷

腿绷是男子用于裹腿的狭条布带，犹今绑腿。以质地坚实的布帛为之，裁为长条，裹时紧束于胫。上达于膝，下及于跗，内中或衬护膝，一般多用于力人武士。

（12）足衣

明朝足衣是指穿在脚上的衣物，指袜、舄、屐、履、鞋、靴等。

a）袜是直接套在脚上用以保暖的足衣。

b）舄，也称鞋，舄是古代贵族男女参加祭祀、朝会所穿的礼鞋。鞋底为双层，上层用皮革或布，下层用木。

c）屐的底部有突出的两排齿，走在泥地上，齿着地而底不着地，适合于出行穿着。

d）据《说文》记载：“履，足所依也。舟像履形。”履形似舟船，用于王公贵族之履有朱履、云头履、乌皮履等（如图 1-129、图 1-130）。用于官吏之履有黑履、官履等。此外，还有一些贵贱皆可穿着的履式，凤头履、绣履、镶履、珠履、木履、草履等。

e）鞋，亦作“鞵”。鞋面开缝、有可松可紧的系带。明代鞋的种类繁多，有八带鞋、绣鞋、弓鞋、高底鞋、镶鞋、凤头鞋等。

f）靴，指有筒的鞋。明代官靴有乌靴、朝靴、方靴、粉底皂靴，靴面皆为黑色。百姓官吏到帝王本都可穿着，到洪武二十五年严禁庶民着靴。

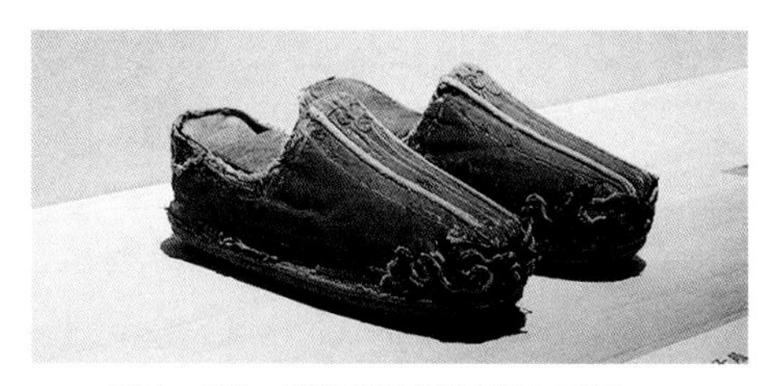
图 1-129　黄红缎面硬纳底夫子履

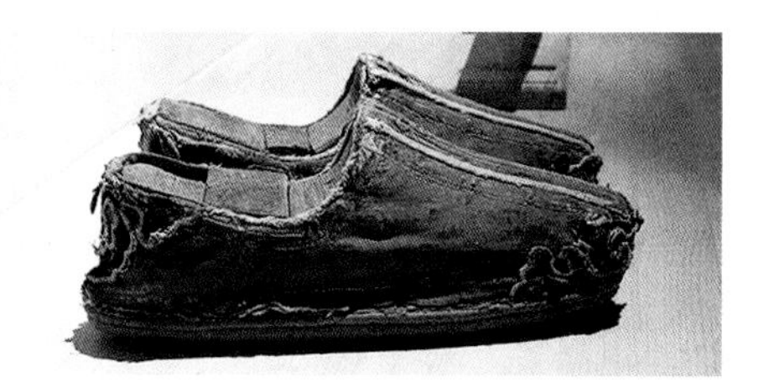
图 1-130　黄红缎面硬纳底夫子履（侧面）

思考题

试分析搭护、曳撒、贴里款式的异同。

任务实践

1. 整理清朝平民男子服饰款式种类。
2. 挑选男子服饰品类中的某一品类，绘制款式图。

二维码 1-24　案例分析：明朝婚礼服装

（二）平民女子服装

1. 短衫

短衫也叫襦，《说文・衣部》记载“襦，短衣也。”颜师古注：“短衣曰襦，自膝以上。”可以加絮，衣身较窄但合体，襦下必配裙，是古代妇女秋冬季节的上衣（如图 1-131）。明朝女子短衫领形可分为交领和圆领两类，衣襟右衽，大袖、部分袖端缩口，左右开裾，大襟处有系带固定（如图 1-132、图 1-133）。女子穿的短衫相对于袍服、褙子、深衣来说都

图 1-131　上襦下裙复原图

图 1-132　明　暗蓝地缠枝锯莲平纹花织金云肩交领短衫　孔府旧藏

图 1-133　青地妆花纱彩云白鹇补圆领短衫

较短，款式造型比较利落。明代有绣襦、罗襦。绣襦，织绣有花纹的短衣，服于单衫之外，多为青年妇女所服。罗襦，以细罗制成的上衣，为贵者之服。

2. 袄

袄与短衫款式相似，领为交领或圆领，右衽大襟或者对襟，袖子为阔袖，有金嵌扣固定（如图 1–134）。面料较为厚实，内做夹层或棉絮，为秋冬穿着女服。

图 1–134　明代红素罗绣百子女夹衣

3. 长衫

女子长衫为立领，右衽大襟或对襟，宽袖，部分袖端缩口，左右开衩，立领系扣，并有金属扣固定，衣襟处有系带固定（如图 1–135、图 1–136、图 1–137）。

图 1–135　暗云纹白罗大襟长衫

图 1–136　蟹青绸对襟长衫

4. 袍服

女圆领袍，右衽，宽袖，盘领与肩部有一对纽襻，内襟由一对系带固结；大襟由两对系带固结。女圆领袍与男袍相同，两者不同之处为女袍衣身一般左右开裾，且无摆，而男袍则有摆。袍服底部内缘贴衬，其作用是加固袍服形状，使造型笔直立体（如图 1–138）。

图 1–137　女长衫复原照

图 1–138　明　红地盘金绣麒麟凤纹袍　孔府旧藏

5. 褙子

明代女褙子为合领或直领对襟，衣长与裙齐平，左右腋下开衩，衣襟敞开，有时用绳带固定。褙子在袖口及领子都有装饰花边，领子花边仅到胸部（如图 1-139、图 1-140、图 1-141）。一般贵族女子穿合领对襟大袖款式，平民女子穿直领对襟小袖款式。

图 1-139 着直领大袖褙子的明代女子图

图 1-140 直领小袖褙子复原图

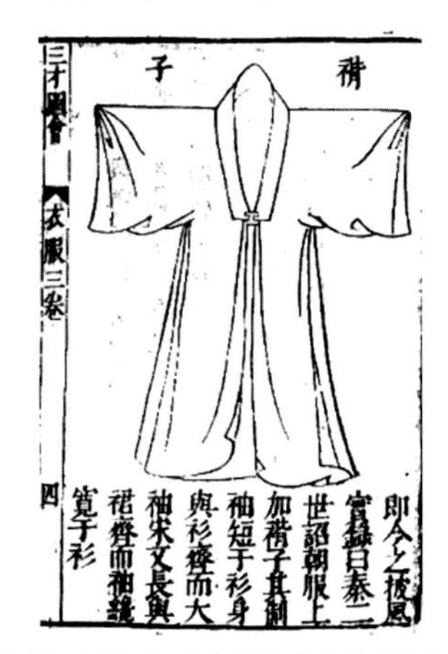

图 1-141 《三才图会》中的褙子图

6. 比甲

比甲的款式一般为圆领或交领，衣襟对襟、无袖，衣身左右两侧开衩（如图 1-142）。穿着时比甲穿于衫、袄、裙的外面。元朝时，比甲已经出现，但并未流行。到了明代，比甲是妇女的主要流行服饰。后来，在清朝又缩短衣身，演变为坎肩、背心或马甲。

7. 水田衣

水田衣的衣料取自各种颜色的织锦布，以零碎的衣料拼接缝制，用这种方法制成的衣服，色彩多样、交错若水田，因而得名“水田衣”（如图 1-143）。早在唐代时，便已经出现“水田衣”。到了明代，水田衣以其简单别致并具备其他服饰所没有的特殊效果而深受妇女们的喜爱。明末时候，水田衣由民妇装流行至大家闺秀中间，成了富贵小姐也穿着的服装款式。

图 1-142 明万历 织金无袖方领寿字纹比甲

图 1-143 水田衣

8. 裙

（1）百褶裙

明代妇女下裳主要着裙，裙通常与短袄、衫等搭配。女裙两侧打褶，中间有一段光面，光面可称为马面、裙门，是清朝马面裙的雏形（如图 1-144、图 1-145）。

图1-144　明　桃红纱地彩绣云蟒裙　孔府旧藏

图1-145　明　女百褶长裙　孔府旧藏

（2）月华裙

晚明女子新奇的服饰五花八门，月华裙就是其中之一。这种裙子是在画裙的基础上创新而来的，是一种浅颜色的画裙。它以十幅布帛制成，折成细褶数十，每褶之中，五色具备，轻描细绘，色淡而雅，如月光成辉，故名。其始于明末，多用于士庶阶层的年轻妇女。月华裙的形制不是单一的，也有每褶各用一色的说法，因其样式飘逸、色彩淡雅，直到清初还在流行。

（3）凤尾裙

凤尾裙是用绸缎剪成大小一致的布条，每一条上绣花鸟图纹，并以金线镶边，整条裙子都以这种装饰华丽的布条围绕腰间，形似凤尾。

9. 兜肚

兜肚覆于胸前的贴身小衣，也称“肚兜”。男女均用。通常以柔软的布帛为之，制为菱形，菱形的上端裁成平形，形成两角，与左右两角各缀以带。使用时上面二带系结于项，左右二带系结于背，最下的一角则遮覆于腹。明代还有一种内衣叫亵衣，意思是是贴身穿着的衣服。

10. 一口钟

一口钟是一种没有袖子、不开衩的长衣。因领口紧窄，下摆宽大，形如覆钟而得名。以质地厚实的布帛为之，制为双层，中间或纳絮棉。明清时期尤为流行，不分男女均可着之，多用于冬季。

11. 霞帔

“霞帔”由“披帛”演变而来，帔子出现在南北朝时期，隋唐时期得此名，是以一幅丝帛绕过肩背，交于胸前。明代始为命妇品级的服饰，自公侯一品至九品命妇，皆服用不同绣纹的霞帔。因其形美如彩霞，故得名“霞帔”。在明代服用此式较为普遍，普通士民女子在结婚时也开始使穿戴。

12. 行缠

行缠为妇女所穿胫衣。以绫罗或织锦织造，上施彩绣，穿着时紧束于胫（小腿），上达于脚膝，下及于脚踝。一般多用于宫娥舞姬。

13. 女子鞋履

（1）缎鞋

缎鞋又作“段鞋”，也称为“段子鞋”“纻丝鞋”，指用绸缎等做的鞋子，质地精美，价值不菲。

（2）高底鞋

高底鞋是一种后跟加有木块的鞋，流行于明清时期，又称“高跟赞履”。高底鞋是缠足妇女所穿，垫木块让脚看起来更小（如图 1-146）。也有的高底鞋在底部置一个软兜，软兜中装上香料，走起路来香气自然散出。

（3）弓鞋

明代女子普遍缠足，弓鞋即缠足的女子所穿的鞋子。鞋的前部如翘首的鸟头，鞋底为木质，弯曲如弓，故称“弓鞋”（如图 1-147）。弓鞋原本指弯底鞋，后泛指缠足妇女所穿的小脚鞋子。

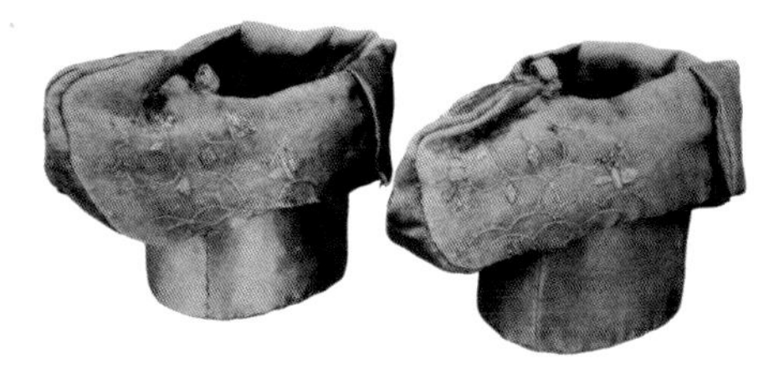

图 1-146　北京定陵出土明万历缎绣高跟鞋（复制件）
南京云锦研究所复制并供稿

图 1-147　江苏扬州出土明尖头弓鞋
（发表于《中国历代妇女妆饰》）

（4）裹脚

裹脚，亦称裹脚布，为女子缠脚用的布带，也指男子穿着鞋袜前包脚的布条。

（5）睡鞋

睡鞋也称“邸履”是缠足妇人睡觉所穿用的鞋，平时换穿其他的鞋，或穿在“套鞋内”，不直接着地。一般以红色绸缎制成，软底，鞋底及帮皆有彩绣，或以珠玉饰之，流行于明清时期。睡前着之以防脚趾松弛，并以此取媚于枕席间。

（6）暑袜

暑袜是夏日所穿的薄短袜。通常以轻薄的棉、麻织物制成，男女均可着之。

思考题

1. 明朝女装款式有哪些种类？款式分别为哪些形式？
2. 上襦下裙是什么形式的服装款式，“襦”“裙”分别是什么形制？

任务实践

1. 整理明朝平民女子服饰款式种类。
2. 挑选女子服饰品中的某一品类绘制款式图。

二维码 1-25　案例分析：明清马面裙比较

项目二 明朝服装面料与装饰

【学习重点】

1. 掌握明朝服装材料的名称及其特点。
2. 了解明朝服装装饰技艺及其工艺特点。

一 明朝服装面料及织造工艺

(一)丝织物

丝织物在明朝是华贵的服饰材料，同时也与服饰等级相对应。明朝丝织品的种类有：纱、罗、绢、绸、缎等。

1. 纱

纱，具有透凉轻盈的特质，被明朝皇家和贵族官绅用作暖季的贵重服料。据记载，明代皇帝、皇太子、皇后的礼服都用素纱来制作中单（如图 2–1）。纱的品种有：素纱、云纱、闪色纱、织金纱、遍地金纱、妆花纱等。工艺形式有方目纱、绞纱。方目纱的经纬平行且不相绞，绞纱为绞织的纱织物，比平纹的方目纱要复杂许多。乌纱帽也是由此做的。

2. 罗

罗是利用绞经组织织出罗纹的中型厚度的丝织品，也有说有二经绞的称罗。罗的质地如纱一般轻盈，并且牢固耐用。罗的品种有：织金罗、素罗、云罗、遍地金罗、闪色罗、织金妆花罗等（如图 2–2）。

图 2–1 明 白色暗花纱单袍 孔府旧藏

图 2–2 明 月白色素罗单袍 孔府旧藏

3. 绢

绢为平纹组织，薄透而平整，在单层织物中结构最为简单。绢是对一般的织物较为紧密、纤维较为适中的平纹类素织物的统称。明朝权贵阶层服饰中经常用绢来做贴领和裙腰（如图 2–3）。

4. 绸

丝绸的生产历史悠久，是我国丝织物中的基本品种。绸是平纹织物，所以织造相对简单。绸的穿着是非常广泛的，农民、庶民都可以穿着素绸。绸的面料特点是平爽顺滑，穿着舒

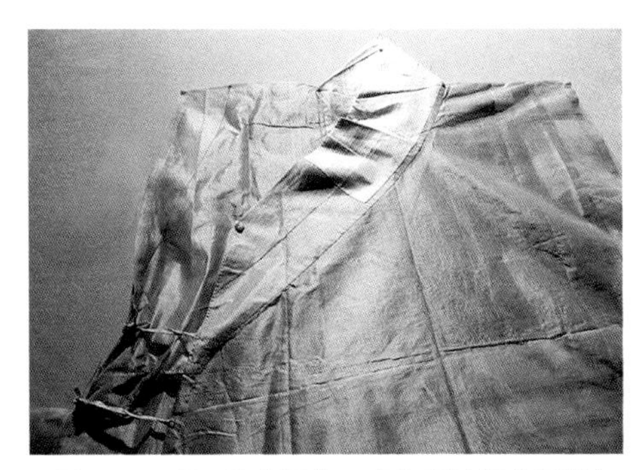

图 2-3　明　孔府旧藏　素白绢袢臂（局部）

适，四季皆宜。明朝丝绸的品种有云绸、潞绸、素绸、绵绸、妆花绸、织金妆花绸等。

5. 缎

缎是出现最晚的丝织物，直到宋朝才有缎织物出现。到了明朝，缎的品种与提花工艺得到高度发展，既有单层组织的素缎、暗花缎，也有重组织的各类锦缎（如图 2-4）。缎的组织结构是缎纹组织，从缎纹组织的结构中可以看出，由于经纬丝交错点不相邻，且两点距离较远，同时织物正面的经或纬丝浮长线较长，交错点被长丝所掩，故缎织物形成柔顺平滑富有光泽的质感（如图 2-5）。

图 2-4　明万历　喜字并蒂莲织金妆花缎　北京定陵出土

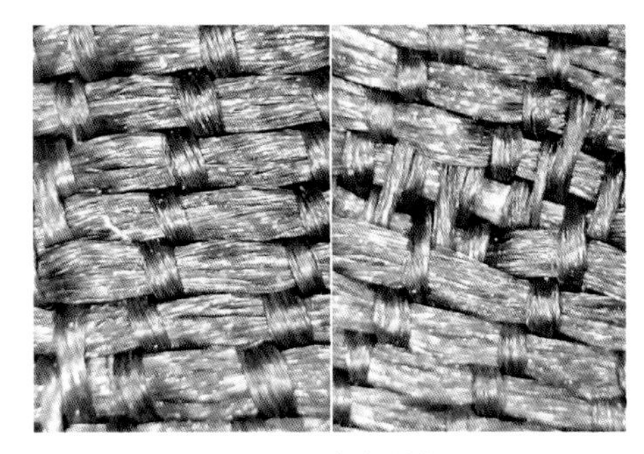

图 2-5　缎组织结构

6. 锦

锦是一种多彩提花平纹织物，以彩色真丝丝线为原料织出各种图案和纹样（如图 2-6、图 2-7）。明朝是锦技术登峰造极的时期，最为著名的有苏州的仿宋锦和南京的云锦。

图 2-6　柿红盘绦朵花宋锦（局部）

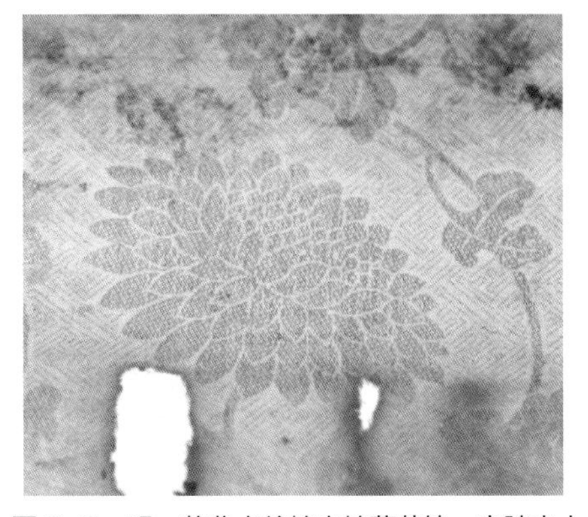

图 2-7　明　黄曲水纹地串枝菊花锦　定陵出土

7. 绫

绫是斜纹组织丝织品，可分为素绫和纹绫。在唐代绫织技术已经步入高峰，元明时期花绫织造技术有了很大的发展，已经能够织出五枚经斜纹组织。明后期花绫生产逐步减少，有些花纹品种被云锦、蜀锦和宋锦织物所代替。

8. 丝绒

绒织物是指全部或部分采用起绒组织、表面呈现绒毛或绒圈的丝织物（如图 2-8）。明代丝绒有剪绒、天鹅绒、双面天鹅绒、抹绒、织金妆花绒等。绒织物质感厚实，手感柔软，适合制作冬天的服装。

（二）棉、葛织物

明朝以前，中国传统的服装材料是丝绸、葛麻，分别为上层社会和平民百姓所穿用。到了明代，民间衣料冬天以棉布为主、夏天以苎布为主，在少数民族地区也穿毛织物。棉布成为明代百姓最主要的服装材料。

棉布，以木棉或草棉织成的布。有细布，即较精致的布帛，丝缕纤细稠密，相对于粗布而言。浆纱布，也是棉布的另一个种类，质地疏朗、手感柔软、多做夏服。葛布，又叫“夏布”，是以葛的茎皮纤维织成的布，具有凉爽透气的特点（如图 2-9）。

图 2-8 织金妆化绒

图 2-9 明 孔府旧藏 本色葛袍

（三）面料材质装饰工艺

明朝服饰面料的选用和搭配十分考究，并注重面料的特性，如质感、纹路、柔软度、透明度等，制作时顺应面料的特性，与服饰的造型、功能、穿着季节相结合，使得服饰材质在功能上适应于不同的场合，审美上充满艺术魅力。明朝服饰中包含提花、妆花、织金、缂丝、刺绣等工艺技术，展现出绚丽多彩、富丽磅礴的视觉效果。

1. 妆花

明朝是妆花工艺的兴盛时期，妆花是挖梭工艺的别称。妆花织物可分为妆花纱、妆花罗、妆花缎等。妆花，花纹图案用色多、色彩变化丰富（如图 2-10）。布局严谨庄重，纹样变化概括性强，配色浓艳对比，多用金色勾边，具有很强的艺术感染力，整体配色又统一和谐，具有艳而不俗、庄重典雅的艺术效果。明快富丽的色彩、清晰的花纹、强调装饰性的图案与耀眼炫亮的用金等特色，反映出明朝上流社会的审美趣味和流行时尚。

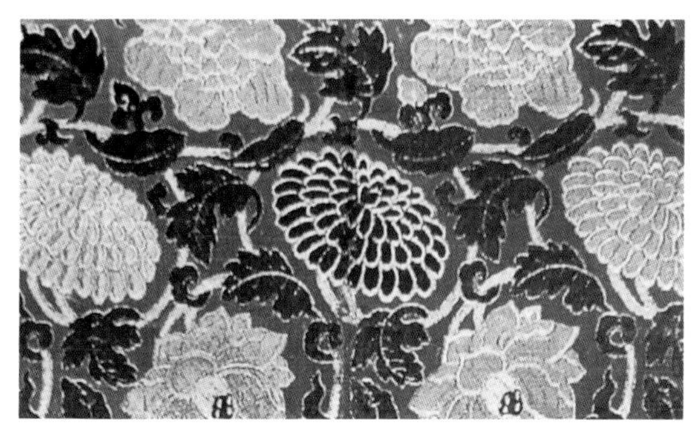

图 2-10　缠枝花一年景妆花缎（局部）传世品
北京故宫博物院藏（发表于《明清织绣》）

2. 织金

织金是在织物中织入金线而形成的织物，根据组织的不同，又可以分为织金纱、织金罗、织金缎、织金等（如图 2-11、图 2-12）。织金应用于纺织品中的历史源远流长，明朝继承了元代织金的技术，并加以发扬光大。织金中的金线中有片金线与圆金线之分。片金线又称作扁金线，在明朝，片金线一般需要褙衬，褙衬的材质有动物的皮或者纸等。圆金线又称捻金线，是利用细薄的金条直接缠绕在线上或是金属粉直接粘在线上。圆金线与片金线的明显区别是芯线的存在，圆金线因内部有芯线，所以整体形状为圆柱形，比较立体。

图 2-11　八吉祥缠枝宝仙花纹织金缎
传世品　私人收藏

图 2-12　明　缠枝牡丹纹织金妆花缎
清华大学美术学院藏

3. 缂丝

缂丝又称刻丝，织造过程极其细致，采用“通经断纬”的织法，即纬线穿通织物的整个幅面（如图 2-13）。“宋元以来，常用以织造帝后服饰”，通常完成一件缂丝作品需耗时一两年。古人形容缂丝“承空观之如雕镂之像”，是具有犹如雕琢缕刻的效果且富双面立体感的丝织工艺品。缂丝的存世精品又极为稀少，常有“一寸缂丝一寸金”和“织中之圣”的盛名。

图 2-13　茶花禽鸟纹缂丝

思考题

面料材质与服装款式和社会阶层之间的关系。

任务实践

1. 绘制复原明朝面料纹样图案。
2. 整理明朝面料织物组织相关资料，尝试应用于面料再造中。

二 明朝服装装饰技艺

（一）明朝服装款式结构工艺

1. 领

明朝女服领子式样有圆领、交领、直领、立领，因穿着场合等不同，以及时代流行的影响时有变化、不拘一格。女服立领的出现，保证了服饰胸前图案的完整性。立领与交领相比，其高起立出的领部，能够完全遮盖住女性颈部，穿着起来也更为合体（如图 2-14、图 2-15）。立领底部缀有一副“金属饰扣”，这是明代女性重视将颈部包住的表现，出于其装饰的本能，也起了美观的作用（如图 2-16、图 2-17）。服装在穿着时，服装领口处露出的里面穿着的衬衣领子形成的层次效果也是服装美感的表现形式之一。

图 2-14　明代女子交领复原图

图 2-15　明朝女服立领及其嵌扣

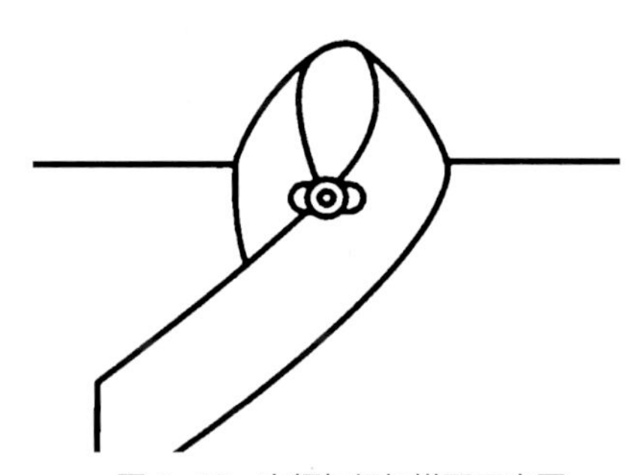

图 2-16　交领与纽扣搭配示意图

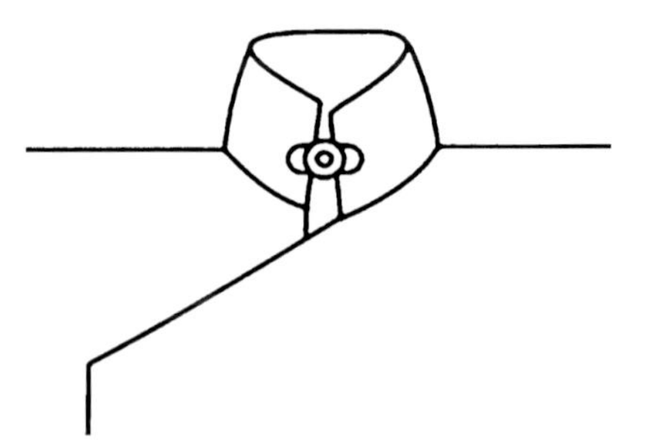

图 2-17　立领与纽扣搭配示意图

2. 金银揿扣

金银揿扣是明清时期的一种高贵装饰纽扣，是贵族服饰的组成部分，同时也是一种特色装饰，大约起始于明代万历年间。其形状看起来像一只蝴蝶，用金或银制成，造型主要有八种：双蝶组合、花蝶组合、双鱼组合、莲鱼组合、婴莲组合、花卉组合、云样组合、人物组合（如图 2-18、图 2-19）。

图 2-18 明代定陵出土 福字纽扣

图 2-19 明代定陵出土 童子祝寿纽扣

3. 补子

补子，装饰于明代官员和皇室贵族常服上前胸后背位置的一块织物，是明代官服的一个重要特征（如图 2-20、图 2-21）。命妇服装也有补子，其补子图案与丈夫或者儿子同步，但武职官员的妻、母，不用兽纹补子，而是和文官家属一样，用禽纹补子，意思是女子以娴雅为美，不必尚武。补子除了作为封建统治者对官员层级的划分标志之外，其精美的图案和高超的工艺也是服装装饰工艺的一种展现，对后世官员服装和当代服装设计都具有重要的意义。

图 2-20 明一品文官仙鹤方补

传世品 私人收藏（曾发表于香港《锦绣罗衣巧天工》）

图 2-21 明青地织金团龙补

4. 摆

圆领袍、曳撒和搭护中的“摆”是明代男士正式服饰的普遍款式，它兼具了遮挡开衩处礼仪的功能，又造就了圆领袍的褒衣博带式的款式造型，显现了男性的威严，使男士袍服款式更加严谨规矩，造型沉稳庄重（如图 2-22）。道袍的内摆在一定程度上扩大了服饰内部的空间，使人在活动中不会受到限制，并遮挡开衩处露出的衣、裤，可以保持着装的规整性（如图 2-23）。

图 2-22 明朝曳撒、搭护、圆领袍

5. 镶边

交领领子上加缀短于衣领的白色护领，领子的造型迫使人穿着的时候要挺直脖子，白色护领缝在领上是用来防污，方便拆洗，同时也具有装饰美观的作用（如图 2-24）。衣物的边缘处有镶边或镶嵌有金线，与服饰面料产生不同材质的对比，装饰于服饰华丽而富有变化，这样的做法既产生美观又保护了领、袖、裙缘处。

图 2-23　明　蓝暗花福寿子三多纹纱袍、蓝暗花纱道袍　孔府旧藏

图 2-24　明代镶领女袍复原图

（二）明朝刺绣针法装饰工艺

刺绣，是用针线有规律穿刺织物所形成纹样的方法。刺绣的风格、线条、纹理是由针法与线来决定的。针法即刺绣进行中所运针的方法和线条的组织形态，每一种针法都有各自的效果，刺绣图案的质感也各不相同。明朝服饰中的刺绣装饰都是使用多种针法组合而成的，如：平绣、盘金绣、钉线绣、打籽绣等，绣线多用加捻双股丝线和捻金线。其中，绣蟒金线多采用圆金线并用盘金的方式，展示出繁缛华丽的艺术特色，花卉植物多用加捻双股丝线，技巧娴熟洗练，风韵相对豪放，有粗中带秀的审美特点，也展现出高超的刺绣技艺。

1. 绣“龙”针法——以洒线绣五毒艾虎龙纹方补为例

洒线绣五毒艾虎龙纹方补的主要绣法有洒线绣、钉金绣、平金绣等。龙的头部、身体处为洒线绣（如图 2-25、图 2-26）。所谓平金绣就是将金、银铂纸缠绕在丝线上，形成金、银线，将金线或银线平铺在底料上，按所绣形状盘旋填满图案，以丝线短针钉固在底料上。其盘金之处，金线三根为一组钉一针，钉线间的距离均匀整齐，而组与组之间钉线的针迹相错，金线头藏没，金线紧实。所绣之物耀眼夺目、富丽逼人且富有质感。

龙眼睛部分的刺绣针法采用最常见的齐针，也叫直针，是指在图案内都采绣有同一方向的针法。龙的双角采用斜针，绣线为丝绒。眼睛周围用加捻双股丝线接针一圈。龙的角、鬓毛、火珠的外缘都采用圈金的绣法（如图 2-27、图 2-28）。圈金与钉线绣的方法一致。所谓钉线绣是将绣线钉固在底子料上构成图案，钉线根据纹样要求而铺排，绣线较粗的称为“综线”，综线之上还要固定相对较细的线，叫作“钉线”。钉线钉于棕线之上，这样所要绣的纹样就固定在了底料上。圈金，也叫钉金，方法与上述钉线基本相同，只是综线替换为金线，故名圈金。圈金只是圈定纹样的轮廓，纹样的内部针法并无特别要求，故又有“圈金打子绣”“圈金平针绣”“圈金纳纱绣”等。圈金多用两根金线，盘出纹样，再用小针将色线固定金线，所钉之处要距离相等、针脚匀称，不可过松或过紧。圈金和平金绣不同，圈金只是作为主题纹样的轮廓线，用金线圈于纹样之外，不仅可以调和主题色彩，更增添美观、奢华的视觉感受。

图 2-25 五毒艾虎龙纹方补

图 2-26 五毒艾虎龙纹方补（细节 1）

图 2-27 五毒艾虎龙纹方补（细节 2）

图 2-28 五毒艾虎龙纹方补（细节 3）

2. 绣“花卉”针法——以白罗绣花裙为例

白罗绣花裙，它与烦琐精致的袍服形成鲜明对比。裙身为素白色，用彩色丝线绣出花卉、山石、流水等。白罗绣花裙的彩色丝线均采用的是加捻双股丝线。花朵部分的绣法，以平绣中的套针为主，套针的主要特点是线条不是整齐排列，而是以参差不齐的形式排列，在刺绣方法上色线分批进行绣制，批批相迭（如图 2-29）。套针所绣花卉的纹理清晰，颜色偏向块面化，刺绣花卉艺术的表现力强，搭配以加捻双股丝线，花卉色彩缤纷，风格相对豪放。花卉外缘采用圈金，是以单根圆金线圈于花卉边缘（如图 2-30）。

图 2-29 平绣套针牡丹

图 2-30 明 白罗绣花裙（细节） 孔府旧藏

花蕊部分为打籽绣，常用来绣花心或花蕊柱头。此针法的特点是立体感强。打籽绣是针自下而上穿出绣地后，线紧压着针并用针尖绕过线形成线环，针穿出线环落针将其固定，线环所形成的就是打籽针中的籽，绣时多绕圈则结籽大些。花朵的籽虽小小一粒，但想要让籽轮廓清晰，圆润、饱满，从绣线开始就必须捻得均匀，在起针、绕圈、落针都要十分仔细，保持用力道的均匀。

花梗、树干，是采用钉线绣以钉金线的方式。其具体针法是：树干所用为捻金线，首先按照形状用捻金线固定好花梗、枝干等，然后用细线进行固定。钉线绣的使用频率很高，铺排纹样的捻金线较粗，排列造型紧密，用来钉固纹样的绣线较细，捻金线与钉固线产生粗细对比的效果。裙中钉固线所采用的丝线颜色与裙的底料颜色一致，故针线远远望去，隐匿于裙中，并不明显。叶片刺绣针法为平直排列绣线的直针，针的起落点为叶片的轮廓外缘，绣线规整不重叠并平均排列。

思考题

1. 明朝服装结构装饰与款式的关系。
2. 明朝补子装饰图案与社会阶层的关系。

任务实践

1. 搜集整理明朝服装相关装饰资料。
2. 观察并绘制明朝服饰装饰元素。

二维码 2-1　案例分析：纽扣源起与明朝纽扣发展

项目三　明朝服饰色彩与图案

【学习重点】

1. 明朝各阶层服饰色彩和图案的特点。
2. 龙纹、凤纹、蟒纹图案的造型特点。
3. 文武官员补子纹样。
4. 具有吉祥寓意的明朝服饰图案。

一　明朝帝后服饰色彩图案

明朝帝后服饰图案在延续唐宋传统的基础上，形成了明朝独具特色的图案特征。同时，明朝的服饰图案几乎每个都具有吉祥寓意，且造型美观，可以说是中国吉祥图案最完备的时期。

（一）十二章纹

十二章纹包括：日、月、星辰、山、龙、华虫、宗彝、藻、火、粉米、黼、黻。明代洪武十六年明文规定了章服之制，皇帝衮冕“玄衣黄裳，十二章，日、月、星辰、山、龙、华虫六章织于衣，宗彝、藻、火、粉米、黼、黻六章绣于裳”（如图 3-1、图 3-2）。

二维码 3-1　十二章纹

（二）龙纹

龙纹多置于皇帝龙袍、冠服和御用品之上。龙袍，即皇帝的朝服，或者礼服。明代的龙，较前朝形象更加完善，它集中了各种动物的局部特征，头如牛头、身如蛇身、角如鹿

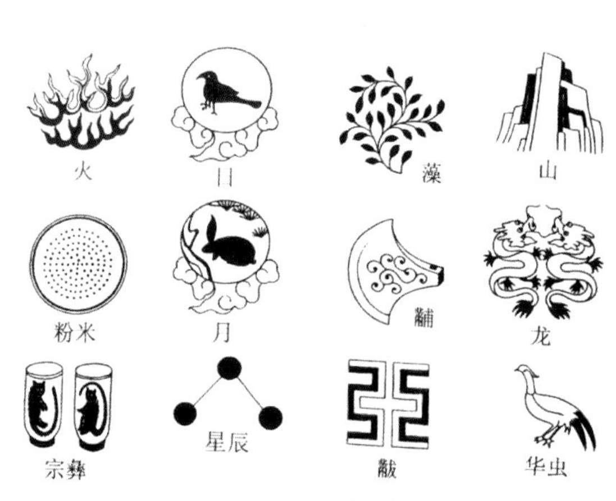

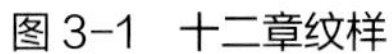
图 3-1　十二章纹样

图 3-2　明神宗龙袍十二章纹样

角、眼如虾眼、鼻如狮鼻、嘴如驴嘴、耳如猫耳、爪如鹰爪、尾如鱼尾等等（如图 3-3）。在图案的构造和组织上，除传统的行龙、云龙之外，还有团龙、正龙、坐龙、升龙、降龙等（如图 3-4）。龙纹色彩选用颇有研究，十分严格，龙袍的龙纹地一般为赭黄色、朱色和紫色。龙纹周边一般搭配海水江崖纹、祥云、牡丹花卉等吉祥图案。

二维码 3-2　龙纹

图 3-3　明　龙纹刺绣纹样

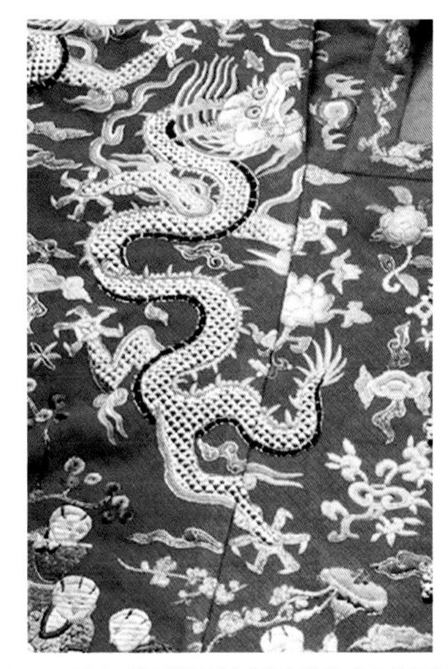
图 3-4　明红纱罗地平金绣升龙纹（复制品）
原件出土自明定陵　首都博物馆藏

（三）凤纹

凤纹为皇后和皇太子妃专用纹样，其他皇族和命妇只能用翟纹。皇后凤纹常出现于凤冠、团纹补子、霞帔、大衫等服饰，以及专用的用品装饰上。常见的有凤纹牡丹、团凤纹、立凤纹等（如图 3-5、图 3-6）。凤纹常与牡丹、祥云、龙纹等搭配出现。

二维码 3-3　凤纹

图 3-5　明　凤戏牡丹纹缂丝

图 3-6　明　立凤纹刺绣　苏州博物馆藏

思考题

1. 皇帝龙袍上都有哪些纹样？
2. 凤纹与翟纹的区别是什么？

任务实践

1. 整理皇帝龙纹的图案，尝试绘制龙纹图案。
2. 整理皇后凤纹的图案，尝试绘制凤纹图案。

二　明朝贵族大臣命妇服饰色彩图案

（一）蟒纹

蟒与龙相似，唯独爪有所不同，龙是五爪，蟒是四爪。明朝只有皇帝和其皇室成员可穿五爪龙纹服，明朝后期有的重臣权贵也穿四爪龙衣，但称为“蟒龙”。明朝蟒纹形式有着多样的表现形态，如天蟒、坐蟒等，其中坐蟒尤为贵重（如图 3-7 ～图 3-9）。蟒纹在服装上分布的位置也不固定，按蟒纹样在服装上所处的不同位置，可以推断明代蟒袍的样式大致有两类：一是圆领大袖通体蟒纹；二是以蟒为补。以蟒为补的服装形式比较多样化。如宦官所着形如曳撒之服，“制如曳撒，绣蟒于左右”，胸前以及背后绣有蟒补，“有膝襕者，亦如曳撒，上有蟒补，当膝处横织细云蟒”，都属此列。

（二）补子

1. 贵族补子与应景补子

补子有圆形和方形两种，与皇室没有血缘关系的文武百官使用方形的补子，圆补则为皇室专用，这一规定一直沿用至清朝末年。象征皇权的王室贵族成员，如太子、世子、世孙、郡王及其长子等，其补子或“胸背”用圆补（如图 3-10）。官至郡王长子、镇国公将军及以下血缘关系疏远之位的宗室储王则“前后方龙补”（如图 3-11）。

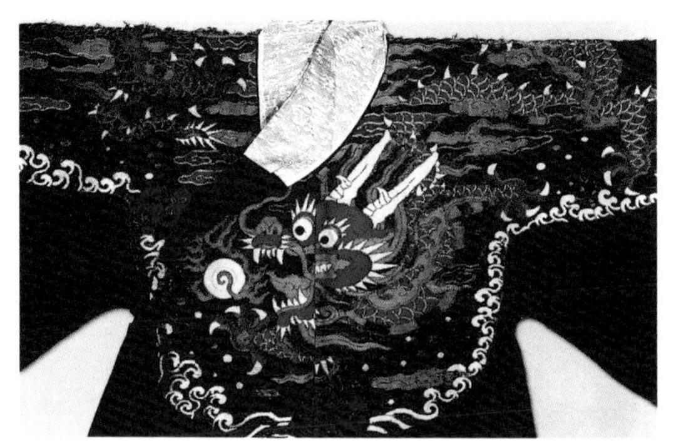

图 3-7　明朝墨绿地妆花纱蟒衣

图 3-8　明朝秦良玉平金绣蟒纹袍

图 3-9　蓝地织金蟒纹

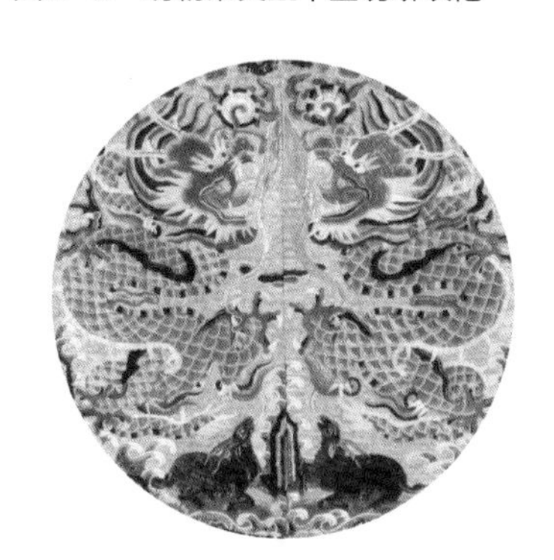

图 3-10　明　双龙阳生纹圆补

“圆补”除“官补”以外还有一种非官制的“应景补”（如图 3-12～图 3-15），它从元贵族胸背的吉祥纹演变而来，形成明朝补子的两个系统。每当重要节日之时，皇宫内院还会给官员换上带有“应景补”的服装，明朝将缀有“应景补”的服装称为“吉服”。明朝吉服分为两种：一种为八团、十团、十二团纹的常服；另一种则为服装款式不限但需带有“应景补”的官服。圆形的补子配色以鲜明的红黄两色为主，制作精良，布局讲究。皇帝所用吉服，纹样内容一般有龙形象再加入节日主题的图案和吉祥文字。

图 3-11　明万历　红地洒线绣菊花龙纹方补

图 3-12　明万历　刺绣龙纹灯笼纹圆补

图 3-13　明万历　刺绣玉兔龙纹圆补

2. 官员补子

明朝对官吏常服规定，凡文武官员，不论级别，都必须在袍服的胸前和后背缀一方补子，文官用飞禽，武官用走兽，以示区别。官员服色分为三等，一品至四品绯袍，五品至

图 3-14　刺绣寿纹方补

图 3-15　刺绣五毒艾虎方补

七品青袍，八、九品绿袍。绯色即红色，明代官服色彩以红色为上品，只有四品以上官员以及一定职司才能够使用。官员的补子或胸背为方形，与皇室的圆形相对应，“地方”是“天圆”的统治基础，同时也是中央集权的统治工具，强化“清者上升为天，浊者下沉为地”的尊卑观，以及“圆”与“方”的使用是皇权神授的宇宙万物法则，因此就创制了飞禽走兽的“方补章制”。

二维码 3-4　明代文官补子

（1）文官补子

公、侯、驸马、伯服，绣麒麟、白泽，文官一品仙鹤，二品锦鸡，三品孔雀，四品云雁，五品白鹇，六品鹭鸶，七品鸂鶒，八品黄鹂，九品鹌鹑；杂职练鹊；风宪官獬豸（如图 3-16～图 3-22）。

图 3-16　红地罗袍“一品当朝”补子
山东博物馆藏

图 3-17　蓝纱交领袍之仙鹤补子
曲阜文物管理委员会孔府文物档案馆藏

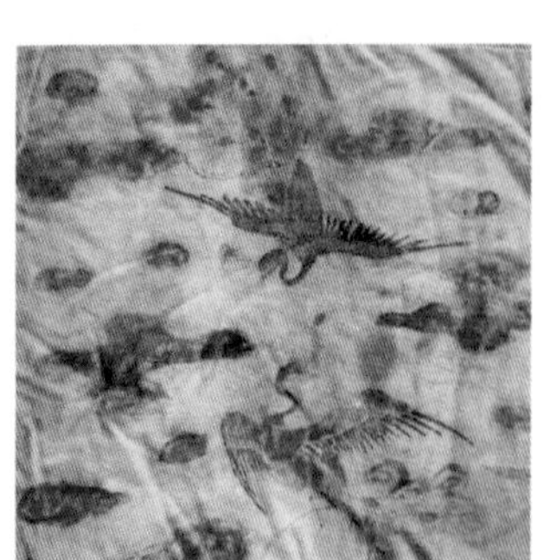
图 3-18　纹黑色文三品孔雀补的外套袍服
江苏松江吕冈泾明代徐乐善墓出土
（发表于《中国丝绸科技艺术七千年》）

图 3-19　缎绣文五品白鹇补
上海卢湾区明潘允徵墓出土
（发表于《中国丝绸科技艺术七千年》）

图 3-20　明　鹭鸶纹六品文官方补
（发表于《中国丝绸科技艺术七千年》）

图 3-21　八品文官刺绣黄鹂补
上海明潘允徽墓出土
（发表于《中国丝绸科技艺术七千年》）

图 3-22　衣线绣獬豸纹宪官方补
江苏武进明王洛墓出土明中期
（发表于香港《锦绣罗衣巧天工》）

（2）武官补子

武官一品、二品狮子，三品、四品虎豹，五品熊罴，六品、七品彪，八品犀牛，九品海马（如图 3-23 ~ 图 3-25）。

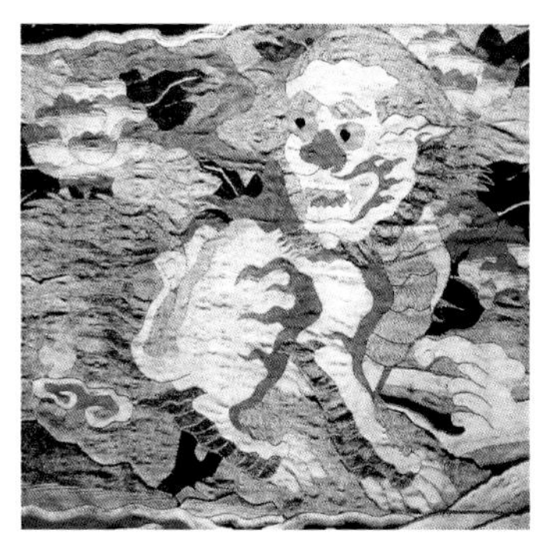

图 3-23　明中期武一、二品缂丝狮子纹方补
江苏武进明王洛墓出土
（发表于香港《锦绣罗衣巧天工》）

二维码 3-5　明代武官补子

图 3-24　明万历　武九品海马方补
私人收藏（发表于香港《锦绣罗衣巧天工》）

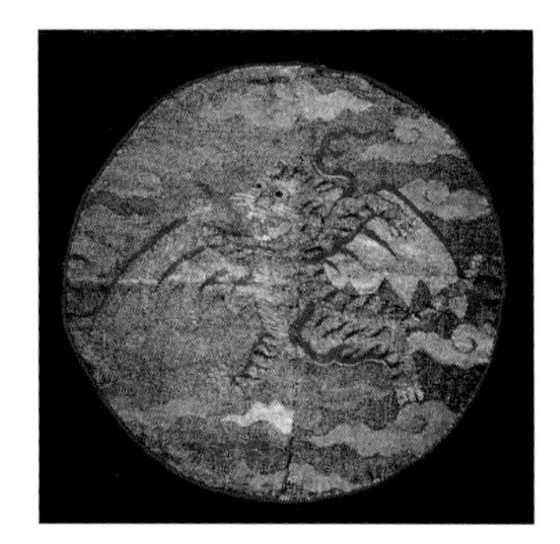

图 3-25　明　飞虎纹旗徽缂丝圆补
发表于香港《锦绣罗衣巧天工》

3. 命妇补子

命妇的礼服，如霞帔（及坠子）、褙子上的图案，和命妇的常服上补子的图案依据丈夫或儿子的品级而不同。随着官员阶品级的高低，礼服的材质、装饰纹样和颜色各有不同，如：命妇大袖衫用真红色，一品至五品，丝绫罗随用，六品至九品，绫罗绢随用。霞帔、褙

子用深青缎匹，公、侯及一品、二品，金绣云霞翟纹，三品四品用金绣云霞孔雀纹，五品绣云霞鸳鸯纹，六品、七品绣云霞练鹊纹，八品九品霞帔用缠枝花，褙子用摘枝团花（如图 3-26～图 3-28）。摘枝花是带一两片叶子的花头，折枝花是长枝，团花是外圈轮廓为圆形的纹样。

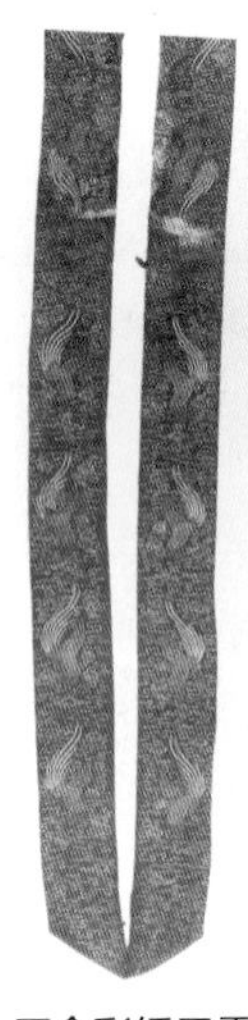

图 3-26　压金彩绣云霞翟纹霞帔
明南昌宁靖王吴夫人墓出土

图 3-27　刺绣霞帔摘枝花图案
福州黄升墓出土

图 3-28　云霞翟纹霞帔图案
江西南城益宣王墓出土

思考题

1. 龙纹与蟒纹的异同？
2. 官员补子都有哪些，文武官员补子为何不同？

任务实践

1. 整理蟒纹的图案，并尝试绘制。
2. 整理官员和命妇的补子图案，并尝试绘制。

二维码 3-6　案例分析：吉服补子

三　明朝民间服饰色彩图案

明代的纹样端庄、充实、程式化，富于装饰性，图案较成熟，格调较高。明代也是中国吉祥文化发展的高峰时期，装饰纹样几乎到了“图必有意，意必吉祥”的地步。纹样的题材十分广泛，花草树石、蜂鸟虫鱼、飞禽走兽，无不入画。富、贵、寿、喜等吉祥寓意的图案成为中国传统文化的重要部分，成为中华民族精神和民族旨趣的标志之一。图案的吉祥寓意可分为表现幸福、美好、喜庆、富足、平安、长寿、多子、金榜题名、升官、发财等。

表现幸福者，有蝙蝠和佛手纹样的五福，福在眼前。表现美好者，如凤穿牡丹、鸳鸯戏莲。表现喜庆者，如喜相逢、喜上眉梢、双喜、喜字并蒂连绵。表现富足者，以蓬花鲇鱼示“连年有余”，凤凰牡丹寓“富贵”，如年年有余、凤喜牡丹、天下乐。表现平安者，以战戟、石磬花瓶鹌鹑示“吉庆平安”，如马上平安、一帆风顺。表现夫妻和睦者，以鸳鸯寓“夫妇和美偕老”，以有盒、玉如意示“和合加意”。表现长寿者，用松树、仙鹤寓意“长寿”，如延年益寿，松鹤延年、猫蝶、百兽图等。表现多子者，用石榴寓“多子多福”，如榴开百子、百子图。表现学而优者，如连中三元、鲤鱼龙门。表现升官者，以蜂猴示“封侯”，以瓶插三载示“平升三级”如连升三级、一品当朝。表现发财者，如招财进宝、连钱、金锭（如图 3-29 ~图 3-32）。

图 3-29　红地平金彩绣百子图

图 3-30　路路顺利纹

图 3-31　子孙万代纹

图 3-32　招财进宝纹

吉祥寓意一般有三种表现方法：一是以纹样形象表示；二是以谐音表示；三是以文字来说明。用纹样形象，如柏冬夏常青，被引申为人的长生不老；合欢叶晨舒夜合，用以祝愿夫妇和谐；籽粒繁多的石榴、葡萄，则是对多子多福的祈求；缠枝花是以花茎呈波状卷曲，彼此穿插缠绕，有永远常青、连绵不断的吉祥意义（如图 3-33、图 3-34）。用谐音相同和相近便可取得吉祥的修辞效果，比如瓶谐“平”，表示“平安”，蝙蝠和佛手谐“福”，喜鹊谐“喜”，桂花、桂圆谐“贵”，百合、柏树谐“百”。用具有特定意义的记号来表示吉祥，如萱草为宜男草、忘忧草，是母亲的象征。佛教的八吉祥指佛教的八样法器，宝轮、宝螺、宝伞、宝盖、宝花、宝罐、宝鱼、盘长节（如图 3-35）。用文字说明直接用吉祥汉字的各种书体和妆花来表示，如福、寿、喜等（如图 3-36、图 3-37）。这种用文字表达人们美好心愿的手法，早在汉锦上就已运用得极为广泛，到了明时朝期更得到了空前的发展。如“卍”字“田”字纹，把两个汉字符号巧妙结合，作菱形格排列，极富装饰性（如图 3-38）。

图 3-33 明 缠枝牡丹纹

图 3-34 明 缠枝花纹

图 3-35 宝相花纹锦

图 3-36 明 绛红地喜结连理纹

图 3-37 万寿葫芦百事如意大吉纹

图 3-38 “卍”字“田”字纹绸纹样

还有互相结合，一起使用的图案组合，如：三多，用佛手喻多福，桃喻多寿，石榴、葡萄、葫芦喻多子。连年有余，以莲花、鲤鱼相组合居多。五福捧寿，则用五只蝙蝠围绕寿字。五谷丰登，就以五谷、蜜蜂和灯笼纹共同组合。将蝙蝠、梅花鹿、绶带组合在一起谐音喻指为“福、禄、寿”（如图3-39、图3-40）。将稻谷、蜜蜂、灯笼组合在一起谐音喻指为“五谷丰登”。将松、竹、梅组合在一起喻为“岁寒三友”（如图3-41）。将梅、兰、竹、菊组合在一起喻为“四君子”。

图3-39 天鹿飞仙纹

图3-40 八宝纹

图3-41 岁寒三友纹

思考题

1. 民间装饰纹样都有哪些种类？
2. 图案都装饰在哪些服饰品上？
3. 如何理解明朝服饰中的“图必有意，意必吉祥”？

任务实践

1. 整理各式民间装饰图案，并尝试绘制。
2. 根据整理绘制的图案资料，自行设计服饰图案。

项目四　明朝服装配饰与妆容

【学习重点】

1. 明朝女子的头式种类和特点。
2. 明朝女子的饰品种类和特点。

一 发式

古代中国素有“衣冠王国”之称，“衣”包括上裳、下裙，“冠”则指发型、发饰。从春秋战国至晚清，男女自出生皆蓄发。因此，古人对于“头上风光”的重视毫不亚于服饰穿戴，女子尤甚。从历代仕女画和诗词作品中可以发现，古代女性的发型虽以梳髻为主，但发髻式样丰富多变，带有鲜明的时代特征。

明朝女子的发型虽不及唐宋时期丰富多彩，但也有种种花样。其中以一窝丝比较流行。一窝丝是把满头的青丝不加编辫，也不绾束，直接盘在头上，形如圆卷的云朵；或再用一个丝网网住，叫做“瓒”，再加特髻等。在明朝初年，民间女子还沿用着一些古发髻。明代女子戴狄髻、特髻，后来以低小之发髻为主。未出嫁的女子，规定头发要梳成小三髻式样，头戴金钗和珠头鬏，穿窄袖褙子。要求婢使将发型梳成高顶髻式样，穿着当为绢布狭领长袄和长裙；小婢使则要将发型做成双髻，对应的服饰为长袖短衣配长裙。

（一）桃花髻

“桃花髻”是明朝较时兴的发式，妇女的发髻梳理成扁圆形，再在髻顶饰以花朵。以后又演变为金银丝挽结，且将发髻梳高。髻顶亦装饰珠玉宝翠等。“桃花髻”的变形发式，花样繁多，诸如“桃尖顶髻”“鹅胆心髻”及仿汉代的“堕马髻”等（如图 4-1）。

（二）单螺髻

单螺髻是古代汉族妇女发式之一，形似螺壳的发髻（如图 4-2、图 4-3）。本为佛顶之髻，是指顶中梳单螺髻而言。这种发式在初唐时盛行于宫廷，后在士庶女子中也流行。至明代，妇女仍有这种发式。

图 4-1　堕马髻示意图

图 4-2　单螺髻示意图

图 4-3　单螺髻现代复原图

（三）双螺髻

明代双螺髻，时称“把子”，是江南女子偏爱的一种简便大方的发式，尤其是丫环梳理此髻者较多，其髻式丰富、多变，且流行于民间女子。双螺髻头发分两股，按照双螺髻的高度扎双马尾，盘起来固定（如图 4-4、图 4-5）。

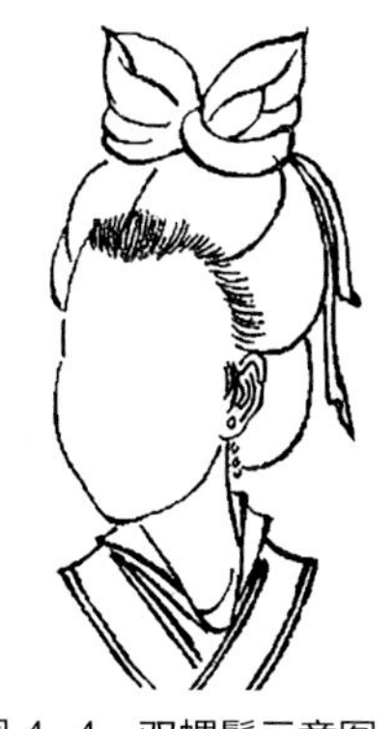

图 4-4　双螺髻示意图

图 4-5　双螺髻现代复原图

（四）牡丹头

牡丹头属高髻的一种，苏州流行此式，后逐渐传到北方。尤侗诗：“闻说江南高一尺，六宫争学牡丹头。”人说其重者几至不能举首，形容其发式高大，实际约七寸，鬓蓬松而髻光润，髻后施双绺发尾（如图 4-6、图 4-7）。此种发式，一般均充假发加以衬垫。

图 4-6　牡丹头示意图

图 4-7　牡丹头现代复原图

（五）䯼髻

明代妇女以戴“䯼髻”为美，“䯼髻”又称“假鬓”，是明代妇女的主要发式。它一般用马尾、头发或金银丝等材料编成，呈中空的网状圆锥体，使用时将其扣在头顶，罩住由真发结成的发髻，尺寸一般都不大，底部口宽仅十多厘米，又被称为“发鼓”。遇有重要的场合，䯼髻上要插戴包括分心、挑心、花钿和金银簪等在内的成套首饰，称为“头面”。头面与吉服相配，是明代妇女在重大节庆场合的“正装”搭配。至明末还出现了“罗汉髻”“懒梳头”“双飞燕”等各种各样的发髻。

明代出嫁的妇女一般都要戴䯼髻，它是女性已婚身份的标志。由于身份、家境的差异，妇女佩戴的䯼髻材质也各不相同，比较常见的是三种，即头发䯼髻、银丝䯼髻、金丝䯼髻。

1. 头发鬏髻

头发鬏髻俗称“头发壳子儿”，即用马尾或人发编的假髻，内外可以贴覆织物。头发鬏髻是最普通的发髻，家境一般的女性大多佩戴此髻（如图 4-8、图 4-9）。

2. 银丝鬏髻

银丝鬏髻简称“银丝髻”，即用银丝编成的尖圆顶网罩（如图 4-10）。银丝鬏髻价值不菲，大户人家的女眷才有条件佩戴。我国出土的银丝鬏髻实物较多。

图 4-8　头发鬏髻现代复原图（前）

图 4-9　头发鬏髻现代复原图（后）

图 4-10　明　银鎏金鬏髻
常州武进区博物馆藏

3. 金丝鬏髻

金丝鬏髻，这是鬏髻中最贵重的一种，通常做成扁圆的冠状，因此又称作“金冠”“金丝梁冠”。金丝梁冠是女戴在发髻上面的发罩，又叫“发鼓”。金冠通体使用金丝编织而成，用圆条撑出冠顶的梁、中腰和下缘的口沿。冠四周用较粗金丝掐出吉祥图案纹样，前后左右留出圆孔、花孔共五个，用来插簪（如图 4-11、图 4-12）。金冠是官宦人家的正室夫人才能享受的特权，是尊贵地位的象征（如图 4-13 ~ 图 4-15）。

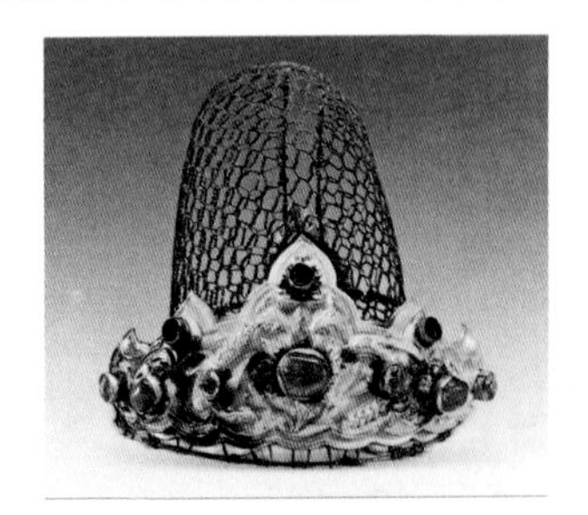

图 4-11　明　金丝鬏髻

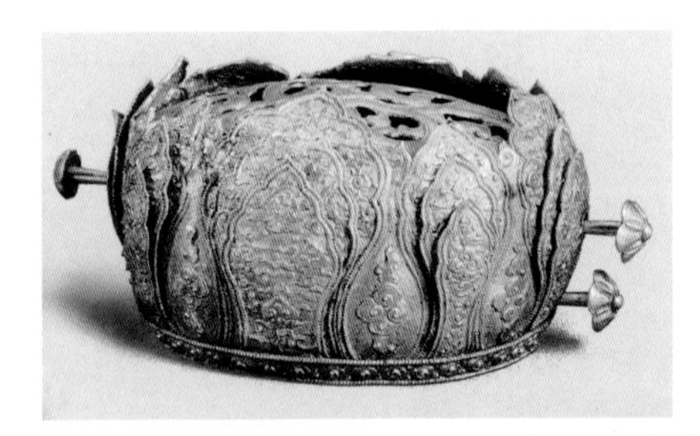

图 4-12　明　云南沐氏家族出土的沐崧夫人徐氏的芙蓉冠

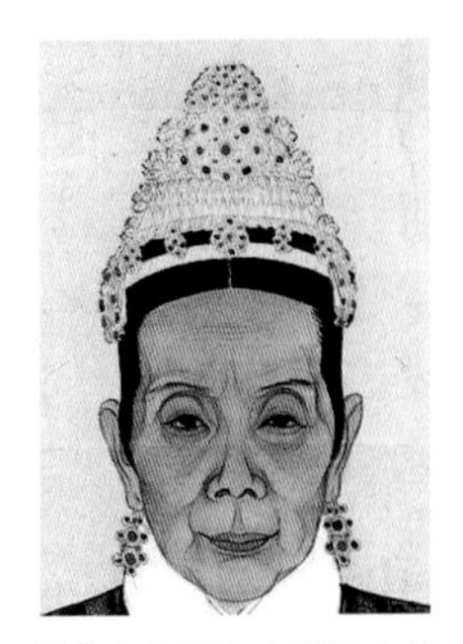

图 4-13　明《唐白云夫人像》中的金丝鬏髻
安徽博物院藏

图 4-14　倪仁吉绘吴氏祖先容像（局部）
《奢华之色——宋元明金银器研究》扬之水

图 4-15　明代女子头饰复原图

思考题

1. 明朝女子的头式都有哪些种类，名字叫什么，有哪些特点？
2. 明朝女子的“鬏髻”都有哪些形式，分别叫什么？

任务实践

1. 按照种类搜集并整理明头式图片，用 PPT 展示。
2. 尝试复原明朝女子头式，绘制头式效果图和示意图。

二 饰品

（一）头饰

1. 凤冠

凤冠是中国古代妇女首饰中最华贵的一种装饰。在明代，宫廷凤冠被赋予了更加庄重的政治色彩，它代表了该时期的最高工艺与审美特征，同时也反映出该时期皇家的礼仪文化与习俗。凤冠的造型很大程度上继承宋代冠服制度，再在宋朝旧制的规定上加以创新而成。凤冠主要是由口衔珠滴的龙簪，带有细丝脚用以固定的翠云、翠叶，口衔珠滴的翠凤簪，珠结，宝钿花及博鬓等组成（如图 4-16）。

2. 凤簪

以凤鸟或雉鸡纹饰为主体的簪叫凤簪，专门用于对称插戴于凤冠之上（如图 4-17）。它的长度一般在 17 ~ 28 厘米之间。凤簪和凤冠或特髻成为一副，被纳入礼仪制度。

图 4-16　皇后凤冠

图 4-17　明朝凤簪

3. 掩鬓

掩鬓，也称为两博鬓，簪首做云头状或团花形底板，底板上做出各种纹饰，成对倒插于鬓边（如图 4-18、图 4-19）。盛装时，四鬓（额角，鬓边为四鬓）都要装点得一丝不苟，是以用掩鬓押发以示庄重。

二维码 4-1　金累丝楼台人物掩鬓

4. 挑心

挑心簪是明代簪子的一种形式，簪子通过从下向上挑插的方式簪戴于发髻正面中心，位置引人注目，且簪首尺寸较大，是非常重要的头饰（如图 4-20、图 4-21）。

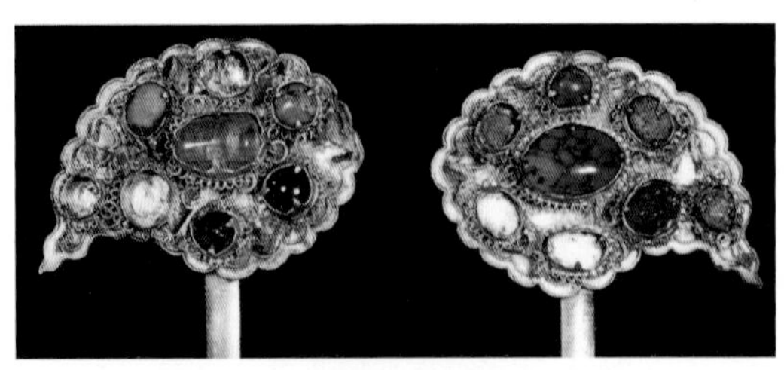

图 4-18　徐达家族墓出土金掩鬓

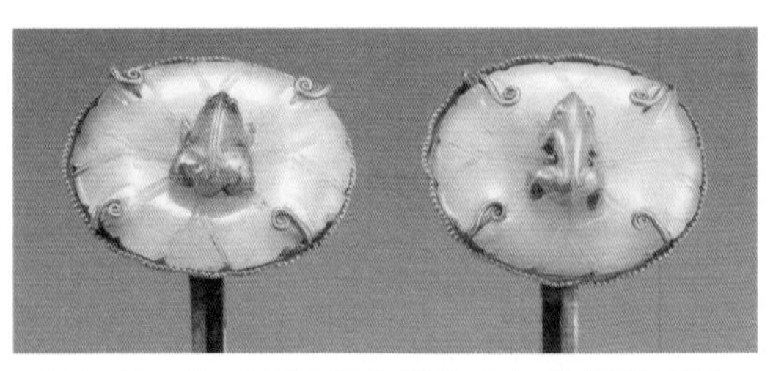

图 4-19　明　荷叶金蛙掩鬓簪一对　常州博物馆藏

图 4-20　明　金嵌宝菊花祥云纹挑心
江阴青阳夏元贞妻邹氏墓出土

图 4-21　明崇祯　金累丝镶嵌宝石送子白玉观音挑心
甘肃兰州白衣寺塔天宫出土 现藏于兰州市博物馆

5. 分心

簪首宽且成弧形的一类发簪称为分心，分心形似头箍，正面似山峰形，簪脚多与簪首垂直，可分为前面插戴和后面插戴的两种，分别称前分心和后分心（如图 4-22 ~ 图 4-24）。前分心一般插戴于䯼髻前方正中位置，正面挑心下方的位置。而后分心，也称满冠，插戴于䯼髻背面的底部为达到以首饰副满于冠上的效果，因此分心的簪首往往比满冠显得窄长。

图 4-22　明　金双狮戏球纹满冠
1969 年浦东新区陆家嘴陆深家族墓出土

图 4-23　明　金镶宝龙凤满冠
蕲春县横车镇荆恭王墓出土

图 4-24　沐斌夫人梅氏墓出土的分心　南京市博物馆

6. 鬓钗

鬓钗的簪首修长成条状，簪脚与簪首为一整体贯通下来，二者大约各占长度的一半，簪于两鬓。因此这类修长而列于鬓旁的发簪可称为鬓钗。簪脚上部的背底由累丝制成，上面做出宝石碗镶嵌宝石，周围有累丝成的花瓣等纹饰，簪脚扁平由宽渐窄，尾尖（如图 4-25）。

鬓钗插戴方式有两种，成对或单独簪戴皆有。成对簪戴时通长插在䯼髻底部两侧，成为一副头面的组成部分，成对插戴时也常插戴于凤冠底部两侧，插戴方式应与䯼髻相同。单独插戴时往往一支插在发髻上，虽无左右对称，却与发髻样式呼应（如图 4-26）。

图 4-25　镶珠宝玉花蝶金簪

图 4-26　倪仁吉绘吴氏先祖容像（局部）
不对称的鬓钗插戴方式
明神宗定陵出土

7. 花头簪

花头簪，簪首为梅花、牡丹、莲花以及菊花等各式花头样式，下与锥形簪脚相接（如图 4-27）。花头簪的花头直径较小，簪脚呈锥形，以金、银或银鎏金做成花朵样式，其中梅花数量最多（如图 4-28）。中间或镶嵌宝石作为花心，有的四周以玉作为花瓣。花头簪的插戴方式主要分为两种，用于挽发和装饰的花头簪直接插于发髻上，用于固定䯼髻或发冠等，大多成对或四支一起插戴。除两侧对称插戴外还有在发冠四面分别插戴的方式。

图 4-27　明　花头簪

图 4-28　明　镶玉嵌宝累丝牡丹形金簪首

8. 圆头簪

圆头簪为簪首为半圆形蘑菇头状的发簪，长度较短小，在6厘米左右，簪脚呈锥形（如图4-29、图4-30）。刻有螺旋纹饰的金、银圆头簪的长度一般比其他金、银圆头簪长，大约在10～16厘米。圆头簪插戴方式主要有两种，用于固定冠或鬏髻时成对插于其两侧。有时单独插戴于冠上，且男女通用。

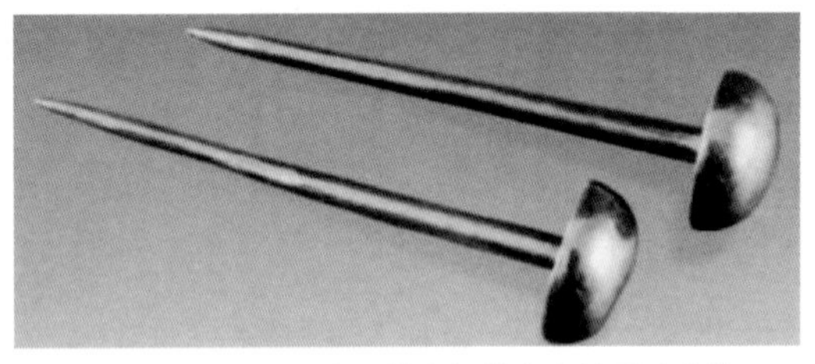

图4-29　益庄王朱厚烨夫妇墓出土的圆头金簪
《江西明代藩王墓》江西省博物馆藏

图4-30　雕花镶珠宝圆头簪

9. 顶簪

顶簪，也称为关顶簪，插戴时都是单独一支，自上向下插在鬏髻顶部，起到支撑和固定鬏髻的作用。顶簪的簪首多与簪脚垂直或竖直相接，簪首做出各式纹样（如图4-31、图4-32）。尺寸往往和鬏髻或特髻相适应，长度较小的为12～14厘米，较大的为19～28厘米。

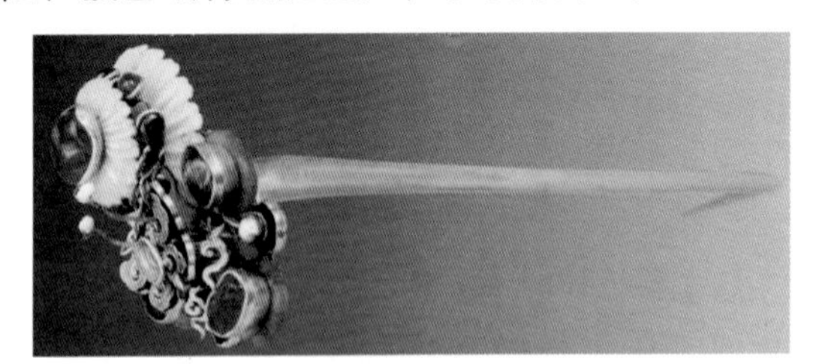

图4-31　镶珠宝花蝶鎏金银顶簪　定陵出土
《定陵出土文物图典》北京美术摄影出版社

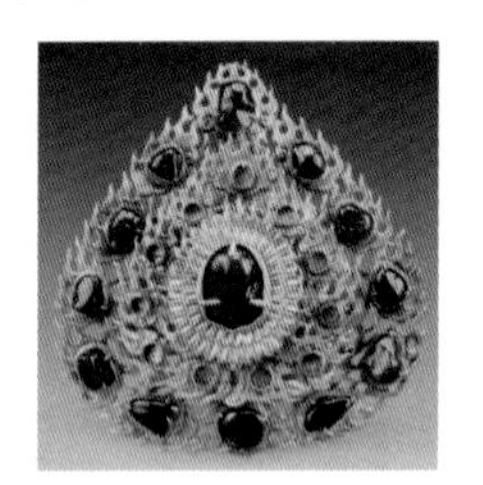

图4-32　明代金顶簪
沐斌夫人梅氏墓出土

10. 耳挖簪

耳挖簪的簪首形似耳挖小圆勺，下接圆锥形簪脚，个别簪脚有呈扁锥形，有的在耳挖勺和簪脚之间接一小段螺旋状细颈（如图4-33、图4-34）。耳挖簪一般较短小，长度大多在10厘米左右。单独插戴或成对插戴的情况都有出现。

图4-33　吴麟夫妇墓出土的银簪《东方博物》（2014）

图4-34　银镀金镶翡翠碧玺梅花耳挖簪

11. 啄针

明代头饰中的啄针是一种小巧的簪子，簪首不大，簪脚大约 10 厘米。簪首多为虫草图案，如蜻蜓、蚂蚱、蝎虎、蝉儿，或鱼、虾等。与其他簪相比，啄针小巧精致、造型奇特美观，是明代华丽头饰中俏丽的点缀（如图 4-35、图 4-36）。

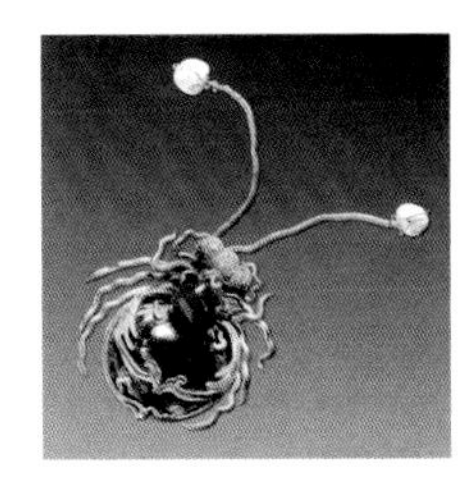

图 4-35　虫草啄针

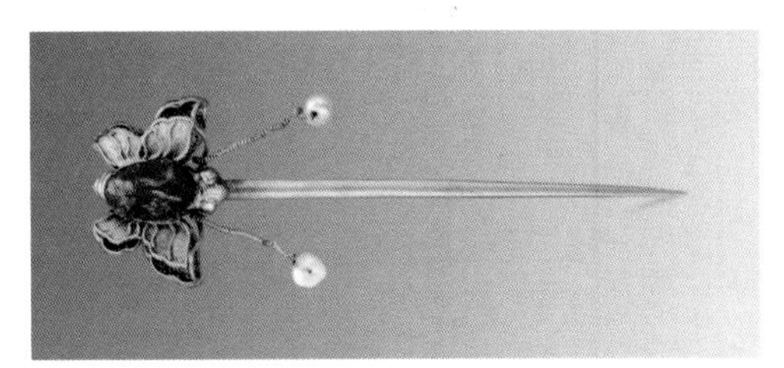

图 4-36　镶嵌红蓝宝石蝴蝶啄针　明定陵出土

12. 眉勒

明清时期最盛行扎眉勒，这个时期的妇女，不分尊卑，不论主仆，额间常系有眉勒。眉勒亦称之为勒子、绊头带子或遮眉勒。眉勒形制有多种式样，如用黑色丝帛缀以珠宝，悬挂于额头；以金属片或布条为地，上以珍珠、宝石缀成图纹的珠子勒（如图 4-37、图 4-38）；还有一种用丝绳编织成网状，上缀珠翠花饰，围于前额系于脑后的“渔婆勒子”；冬季妇女以动物毛皮为原料制成的覆于额上抵御寒冷的“貂覆额”“卧兔”“昭君套”等。

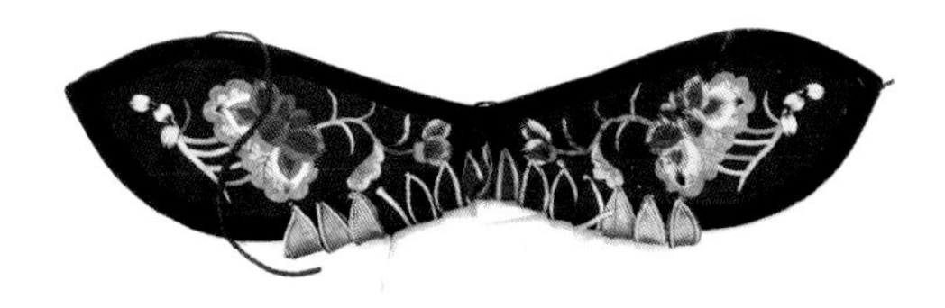

图 4-37　紫地绣花眉勒

图 4-38　明朝　饰玉眉勒

“卧兔”是晚明女子头上流行的毛皮饰物，主要用貂鼠皮和海獭皮制成额巾，系裹在额上，既可用作装饰，又可用来御寒，是一种非常时髦的装束，俗称“貂覆额”，或称“卧兔儿”（如图 4-39）。“卧兔儿”只是限于富贵女子冬天所戴，其他勒子的戴法一样，仅仅戴在前额，后面以线暗续在鬓内，在发后系结。女子在戴“卧兔儿”时，必须与珠子箍儿和发髻进行合适的配合，才算完成“卧兔儿”的整体佩戴。

图 4-39　影视剧中卧兔复原图

（二）耳饰

耳饰分耳坠与耳环两类，一般用粗金丝做成“S”状穿于耳垂，再在另一端焊接各种装饰；或者做成圆环状成耳环。

图 4-40 珠排环示意图

图 4-41 四珠联缀双喜耳环

1. 珠排环

珠排环，即以珍珠呈一字垂直排列而成的耳环（如图 4-40）。其最早出现在宋代，是宋明时代规格最高的一种耳饰。明代建朝后力求恢复汉族传统，因此珠排环亦是承袭唐宋旧制。明代皇后、皇太子妃礼服所配耳饰为“珠排环一对”。

2. 八珠环

八珠环为一只耳环嵌四珠的造型，即“珍珠大者，四颗连缀为一只、一双共八珠”。此种款式在元代应已比较流行，且成为富人娶妻的聘礼之一。传承至明代后亦成为明代的宫廷样式之一（如图 4-41）。

3. 丁香

丁香是一种小型金属耳钉，将耳饰取名丁香应是取其形似。丁香不似耳环华贵、也不似耳坠般可以随风晃动，而是固定于耳垂之上，故比较小巧轻便，又简约随意、不碍劳作，非常适于家常佩戴，因此深受明朝女子喜爱。丁香的质地以金银居多，富贵者嵌有珠玉，贫贱者则以铜锡为之。

4. 四珠葫芦环

四珠葫芦环，又简称“四珠环”或“葫芦环”。这是在元代宫廷中就已流行的款式，到明代则成为宫廷后妃命妇正装中最为常见的一种耳饰款式，非常流行，且一直延续到清代。其形制为顶覆金叶，中间穿两圆玉珠若葫芦，亚腰处有一金圈，下端又用金叶托底，上连 S 形长至脖颈的金脚（如图 4-42 ~ 图 4-44）。此类金镶四珠葫芦环，《天水冰山录》中称之为“金珠宝葫芦耳环”，又根据所穿珠子的大小，分为“金镶大四珠耳环”和“金镶中四珠耳环”。明代的葫芦耳环，除以上提到的以金玉仿其形者外，还有一种是以真葫芦制作的，取其轻便与难得。

图 4-42 明 四珠葫芦环

图 4-43 明 金嵌宝镶白玉葫芦耳环
南京将军山沐瓒夫人刘氏墓出土

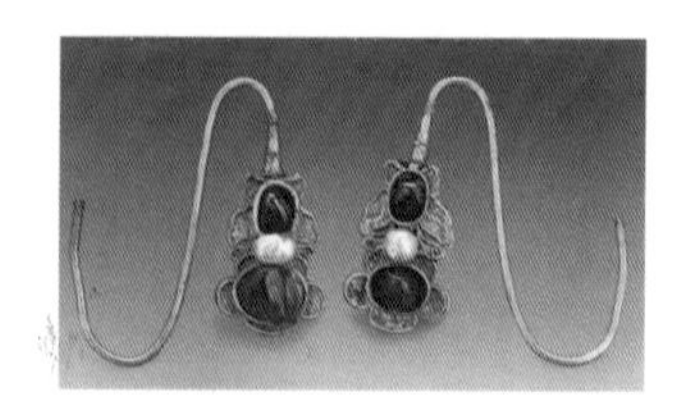
图 4-44 镶珠宝花蝶金耳环
明神宗定陵地宫出土

5. 梅花环

梅花环，即以梅花造型的耳环，也是明代宫廷样式的一种。梅花是四君子之一，因此自古就受到名士布衣的喜爱，宋代起便成为闺阁首饰中常见的纹样。明代将之纳入舆服制度，明代皇后像中着梅花环者亦不少见。金累丝镶玉蝶赶梅耳坠（如图 4-45）上部是一个金五爪提系，五爪之端是五个云钩。提系下焊接一顶金累丝花叶伞盖，其下缘用金丝条做出披垂的沥水。伞盖下缀一金累丝镶玉的装饰物，将白玉制成蝶赶花的薄玉片，嵌在两枚金累丝的花蝶之间。

6. 佛面环

佛面环，即以佛像或菩萨像为装饰题材的耳环（如图 4-46）。其也被纳入舆服制度，但不属于礼服，而是属于常服的配饰。将佛像以及佛教人物中的装束和器具纳入首饰，取之辟邪之意，也是明代首饰取材的一个重要来源。《天水冰山录》“耳环耳坠”一项中还有“金观音耳环”。

图 4-45　明　金累丝镶玉蝶赶梅耳坠

图 4-46　白玉观音耳坠

7. 金镶宝琵琶耳环

在明代，有一种构图为三角形框架的，造型奇巧又轻便的金穿珠宝耳环，名曰：“金镶宝琵琶耳环”。其用一根金丝上下左右盘绕成形，其间在相应处穿珠穿石，顶端作为收束的一颗绿松石一般做成伞盖模样，和下边三角形的金丝框架相映成趣，虚实交映。金丝框架上所穿珠饰以绿松石和珍珠为多见（如图 4-47、图 4-48）。

8. 灯笼形耳饰

灯笼形耳饰做成精巧的宫灯模样，既有纯金材质，也有金镶珠玉材质（如图 4-49）。此类耳饰，往往做工比较繁复，极尽精巧奢华。

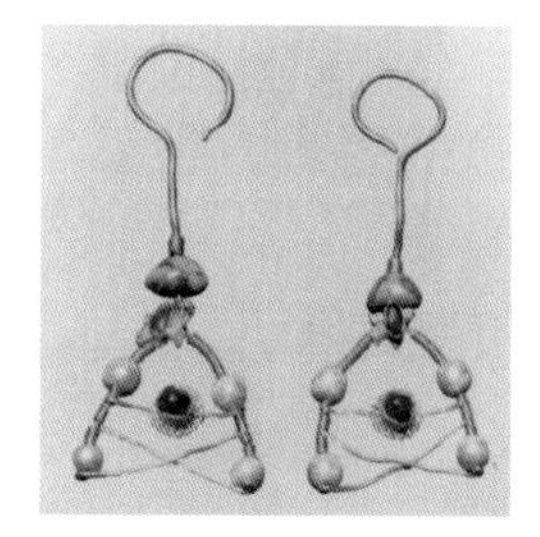

图 4-47　金镶宝琵琶耳环
江西南城明益庄王夫妇墓出土

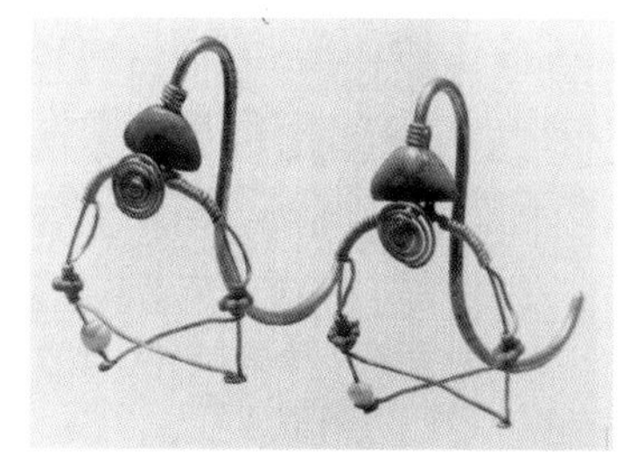

图 4-48　金镶宝琵琶耳环
湖北钟祥明梁庄王夫妇墓出土

图 4-49　灯笼形耳坠

9. 环形耳环

典型的明式耳环环脚很长，环面镶金嵌宝，往往和正装相配。但还有一类圆环形耳环，因造型简洁轻便，故也广受喜爱，多和常服相搭配。一类是把环面设计成扁长方形，然后再在上面錾刻各式纹样，如钱纹、卍字纹及花草纹。另一类则是把环面打造成仿生的花卉或动物纹，如菊花、摩羯等，但依旧又不失圆环的整体形态，显得比较活泼生动。如下图的金环镶宝玉兔耳坠（如图 4-50），兔顶缀红宝石一块，两眼各嵌小红宝石一颗，下部有云形金托，嵌猫眼石和红宝石。

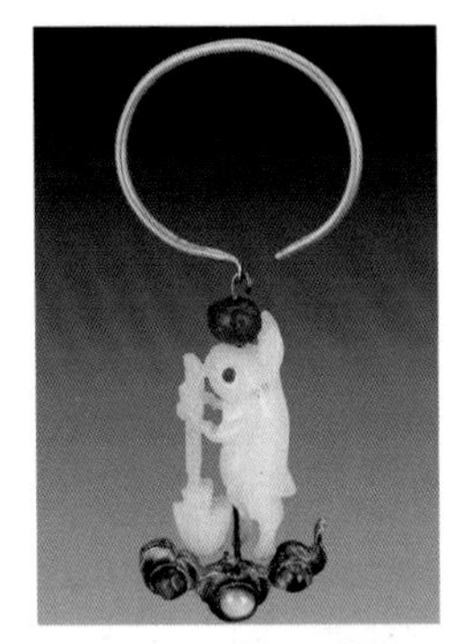

图 4-50 金环镶宝玉兔耳坠
明神宗定陵出土

10. 垂珠耳饰

垂珠耳饰，一般是耳坠。上为一金环或一金脚，用于贯耳，下垂一珠，珠上多饰有一金蒂，华丽者金蒂上还会镶嵌有宝石，如白玉珠、青玉珠、珍珠、各色宝石等（如图 4-51、图 4-52）。此种形式的耳饰在元代就已出现，当时称为“一珠”，为元代蒙古族帝王所戴。至明清，因其轻巧，又可衬托女子婀娜之姿，故成为女子日常所佩耳饰。

11. 字纹耳环

明朝有一种耳环，耳坠为錾刻吉祥文字形状的金玉，其上有装饰点缀的珠宝，取其吉祥寓意（如图 4-53）。

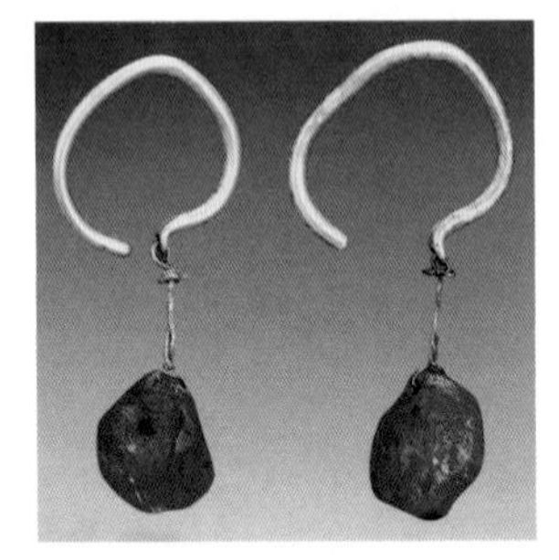

图 4-51 明定陵 金环垂红宝石耳坠

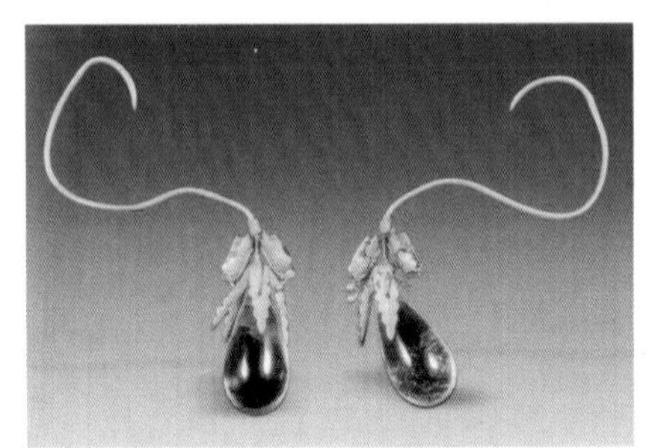

图 4-52 明 金脚垂珠耳饰

图 4-53 金镶玉寿字纹耳饰

（三）手饰

1. 戒指

“戒指”一词始于明代，是佩戴在手指上的指环，明以前多称之“指环”，明代还称作“手记”“代指”等。明代的戒指多用金银玉制作，亦有镶宝石者，金银戒指的戒环一般为开口设计，便于调节大小（如图 4-54）。在戒面的处理上有多种表现手法，有的为素面，有的刻画镂花纹，有的镶嵌宝石、猫眼、绿松石、珍珠等名贵珠宝（如图 4-55、图 4-56）。

图 4-54 武汉博物馆蕲春明代荆王府 嵌宝石金戒指

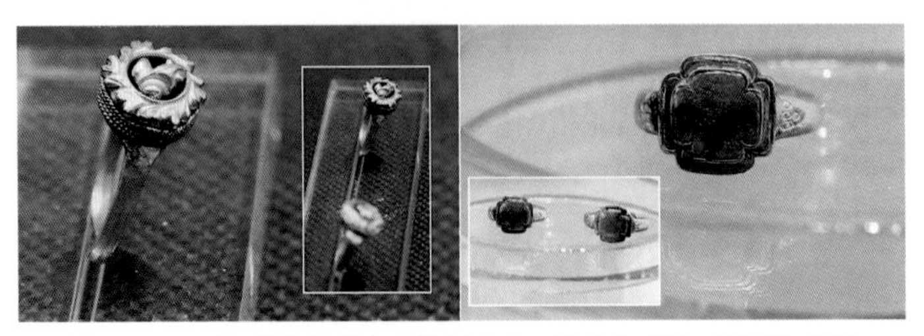

图 4-55 武汉博物馆蕲春明代荆王府 雕花金戒指、素面金戒指

图 4-56　明嵌绿松石金戒指（左）　南京中华门外西善桥出土
明　嵌蓝宝石金戒指（右）　南京太平门外板仓徐膺绪墓出土
南京市博物馆藏

2. 手镯

明代手镯以金银居多，亦不乏嵌宝石者，其接口处饰以二龙首是比较流行的样式之一（如图 4-57 ~ 图 4-59）。

图 4-57　明　金镶红宝石手镯

图 4-58　明　琥珀黄金手链

3. 钏

钏因其响声而被称作“跳达”“条达”“条脱”，明朝人也称作“手钏圈”。金钏以锤扁的金条弯制成螺旋状，少则数圈，多则十余圈，还能根据需要调节其松紧（如图 4-60）。

图 4-59　明　嵌宝石金手镯
江西南城明益王朱厚烨及万妃墓出土

图 4-60　金花钏和金累丝嵌宝镯
湖北钟祥明梁庄王夫妇墓出土

（四）佩饰

1. 大带

大带即革带，大带完整的一副，通常是带銙二十方（如图 4-61、图 4-62）。以肘为界，前有十三，后有七。中间的三方，一大两小。小者即所谓“左辅右弼”，为一对，三方合称“三台”。三台两边各为三方桃形，即所谓“南斗六星”。与之相接者为分设两边的又一对辅弼，此即面前之十三。与辅弼相接者为插向两侧的铊尾一对。肘后则是大小一致的七方，称作“北斗七星”。

图 4-61　19-20 世纪　明代玉带板　韩国国立故宫博物馆藏

二维码 4-2　玉带板纹饰

图 4-62　金花丝镶宝石带

2. 绦环、绦钩

绦环和绦钩的流行始于宋。明代绦环绦钩搭配服装不再拘泥于士人着道服，秀才、乡绅、管家和仕宦子弟等着圆领、直身，都可搭配绦环和绦钩。绦环佩戴方式如腰下系绦，中间用环括结，两边低垂流苏。绦钩佩戴形制有记载，“钩子，用金、银、铜、铁、玉、角等物，刻成龟、龙、狮、虎之头，系之于绦之一端，人若带之，则以绦之一端屈曲为环，纳于钩兽头之空以为固，使不解落，如绦环之制然”（如图 4-63、图 4-64）。

图 4-63　明　心字大书绦带钩

图 4-64　明　透雕螭纹青玉带钩

3. 坠领、坠胸、七事儿、三事儿

坠胸、坠领与七事儿是佩戴于领前、胸前和腰间的饰品，所包括的物件大体相类，因佩戴位置不同，式样、长短略有差异，名称也不相同。款式一般为牌子下系着若干条索链，每索下各缀一事，有七事儿、三事儿等。

二维码 4-3　七事儿

三事儿一般用作卫生用具。通常包括挑牙（牙签）、耳挖、镊子三样用具（如图 4-65、图 4-66）。不过三事儿只是泛称，其“事”以三件最常见，少者亦可以一两件，多者或可达四至五件。日常生活中，三事儿多是拴在汗巾角上，笼在袖子里，随身携带，男女皆然。

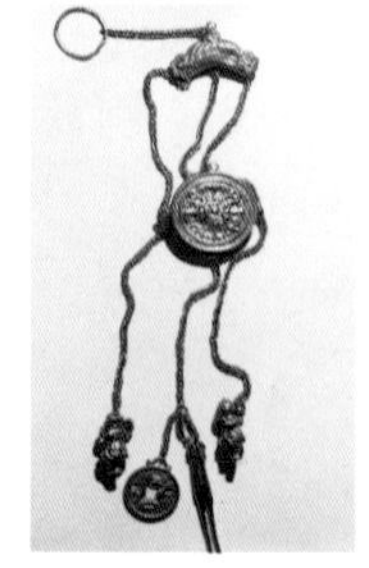

图 4-65　明　三事儿

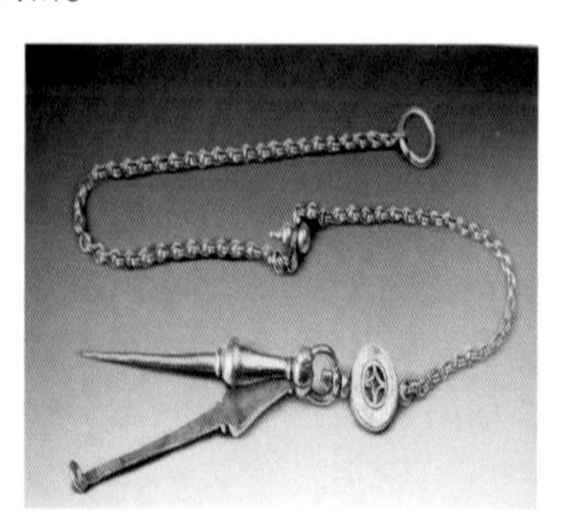

图 4-66　明　金挑牙二事儿
上海卢湾区李惠利中学明墓出土

4. 禁步

禁步相较七事是更为正式的礼服用配饰。禁步原是俗称，其正式的名称应作玉佩。佩戴者步跨稍大玉珮叮当作响，即被认为失礼，故玉佩本有节步之意，故又叫“禁步”。平常佩戴的样式，以各种吉祥饰件、花草、山云等制作，民间也非常流行，一般多为妇女所佩，材质可金银玉或嵌玉嵌宝。

如图 4-67 的金镶宝玎珰七事儿，顶端金荷叶云题，下连三挂金链，中间一嵌宝菊花云板将三挂金链相连，金链上缀各项金事件：桃花、梅花、菊花、方胜、葫芦、石榴、瓜、桃、荔枝等，末端饰双鱼缀

图 4-67 金镶宝玎珰七事
湖北荆端王次妃刘氏墓出土

5. 香囊

香囊自宋代就有了，古人用香囊来驱除体味，增加体香，有的还有驱除邪毒的作用。在明代，香囊里面填充的是兰草，是用夏天采下的兰草叶子用酒浸泡后晒干而成的，还有的会填入舶来香料。明代还有专门的商家出售香囊，价格不菲。还有一种“香串”，也具有香薰功能，价格较香囊便宜。

葫芦形金香囊（如图 4-68），1964 年四川省绵阳平武县苟家坪明墓出土。这件造型精美纹饰考究的金香囊体积虽小，但其制作工序中采用了锤碟、透雕、焊接、线刻、压模等多种技法，囊身作葫芦形，造型奇巧，工艺高超，既是一件精美的艺术品，也是一件难得的实用器。在我国古代吉祥纹饰中，葫芦常以谐音表达“福禄”之意，瓜瓞及藤蔓则以相互缠绕不清象征连绵不断，又因葫芦多籽，也常常被人们看作是子嗣众多、家族人丁兴旺的象征。

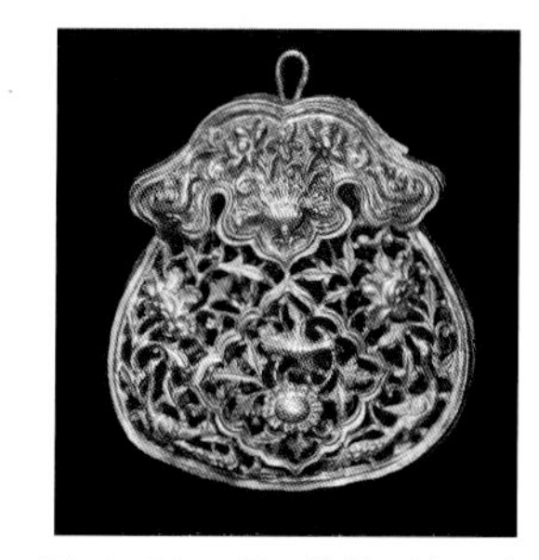

图 4-68 明 葫芦形金香囊
四川博物院藏

思考题

1. 明朝女子的饰品都有哪些种类？
2. 明朝女子的头饰有哪些种类，名字叫什么，有哪些特点？
3. 明朝女子挂在腰间的“禁步”都有哪些形式，分别叫什么？

任务实践

1. 按照种类搜集并整理明朝饰品图片，用 PPT 展示。
2. 尝试复原明朝饰品，绘制饰品效果图和款式图。

三 妆容

（一）妆粉

女子敷面用的粉为妆粉，明朝女子敷面的妆粉为“铅粉”，但是因为含有微毒，长期使用会使肤色发青，后来又使用珍珠、蛤蜊壳、滑石粉等代替。明代女性喜爱用妆粉敷面，有专门的妆叫“白妆”，就是用妆粉敷面而成（如图 4-69）。

图 4-69　明　做白妆的宫女　《宫中图》杜堇

（二）胭脂

明代女子常会使用胭脂来打腮红，如较清淡的梅花妆和浓烈的酒晕妆。如果有的女子脸上长麻子，还会弄“花子”类的装饰来掩饰。南京的长江中出产一种名贵的鲥鱼，其鳞片色泽如银，明代的贵妇用鲥鱼的鳞片贴在脸上做“花子”。

明代胭脂种类丰富，李时珍在《本草纲目・燕脂》中把胭脂分为四种：第一种紫矿染棉制成，是四种胭脂中的上品；第二种是山燕脂花汁染粉而成，次之；第三种红蓝花粉染胡粉而成和第四种山榴花汁制成，又次之。

（三）眉妆

明代女子以细眉为美，如果是长得浓眉大眼是被视为村姑，惨遭嘲笑。所以明代女子会用刀剃或者线绞去的方法，以形成纤细的眉形（如图 4-70）。

（四）唇妆

明朝唇妆流行小口，女子喜好把嘴唇画得小巧圆润，上唇与下唇只画中间部分，其余施粉覆盖，是以形成小巧的唇型（如图 4-71）。

（五）染甲

染甲的习俗可以追溯到唐宋，明代的女子也喜欢染甲。她们会使用凤仙花的花瓣来染成红指甲，还会使用金凤花，又名指甲桃，来染甲。

图 4-70　孝靖皇后像

图 4-71　孝端显皇后妆容

思考题

1. 明朝女子在脸上贴的装饰物叫什么，都有什么形式？
2. 明朝女子都喜欢什么眉形和唇形，怎样画出这样的妆容？

任务实践

尝试搜集明朝女子妆容图片，并在画纸上复原该妆容。

模块二

中国明朝服饰的现代应用案例及思维开拓

项目一　明朝服饰风格时装案例赏析

明朝服饰是中国汉族服饰的典型代表，也是汉族服饰文化发展的巅峰时期。该时期继承和发展了中国汉服文化，传承了唐宋服装的款式、结构和装饰特色，在服制上更为完善，服装工艺上更趋精良。同时相较唐宋时期，明朝在时间上距离我们现代更近，有机会保留下来更多的服饰参考资料，而且保存程度更为完好。当下汉服风潮十分流行，无论汉服婚礼、还是黄帝祭祖典礼上的礼服，都激发了社会各界对汉服的好奇。近几年，当代服装设计师也纷纷把明朝服饰为代表的汉服元素融入时装设计中，形成了一股汉服风格为主的时尚风潮。

案例一　郭培·玫瑰坊

玫瑰坊是中国著名服装设计师郭培的高级定制工作坊，提供高级定制的婚服和各式美轮美奂、精彩绝伦的大礼服。每一季玫瑰坊都会在巴黎和世界各地举办高级定制礼服大秀，吸引了来自世界各地的时尚爱好者和高定买家前来观看。作为具有国际影响力的中国高定品牌，郭培带领玫瑰坊为世界创造了一个来自东方古国的美好、神秘、华丽的高定盛宴。

郭培·玫瑰坊　“异世界”系列

郭培“异世界”系列是2019年秋冬高定的系列主题，为我们创造了一个神秘而纯洁的静谧之地。设计一如既往的奢华、高贵，恰到好处地把东西方的服饰文化元素融合在一起，用精巧的细节和刺绣图案打动每一位观者。

这一款模仿明朝女装的上襦下裙，上身用了交领设计，还有大袖结构的设计。腰部用收紧身体的“紧身胸衣”式设计模拟裙装造型，而裙子的下摆则变成夸张的发散状，让设计更具视觉冲击力和设计感（如图1-1）。

这款服装借用了明朝女装霞帔的服制结构，服装围绕颈部垂荡在胸前装饰华丽的两片霞帔，就是明朝霞帔的完美再现（如图1-2）。由于佩戴霞帔是明朝皇室、贵族和命妇参加重要场合才能穿着的礼服，平民也只有婚礼时才会佩戴霞帔，所以这款“霞帔”是彰显穿着者身份、地位的设计要素，是设计师为顾客“高级定制”的礼服。

图1-1　郭培“异世界”系列　款式1

图1-2　郭培“异世界”系列　款式2

郭培·玫瑰坊“东·宫”系列

“东·宫”系列的这款服装形制类似于明朝皇后、命妇穿着的大袖衫，尤其是大袖的设计，显得气势轩昂，尊贵高雅。胸前上衣的立体刺绣缠枝花也是设计的亮点，与层叠的扇形做出的长裙相得益彰。虽然是复古的设计，但极尽奢华，再现了中华盛世的辉煌与繁荣（如图 1–3、图 1–4）。

图1–3　郭培“东·宫”系列　款式1

图1–4　郭培“东·宫”系列（细节）

吊带金色龙纹背心用重工刺绣完成，既像背心又像肚兜，华丽尊贵又显女性性感柔媚。裙子模仿明代马面裙的款式特点，在中间的红色马面用金色缠枝葫芦纹立体绣装饰。葫芦纹饰在明朝是吉祥纹样，寓意“福禄”，缠枝葫芦代表福禄连绵不绝（如图 1–5）。

这款虎纹刺绣细节设计十分引人注目。虎纹本是明朝三品武官补子纹样，代表着孔武有力和权力。同时它还是百兽之王，明朝吉祥文化中“兽”谐音同“寿”，寓意长寿。所以虎纹在明朝有着丰富的内涵，代表着健康长寿、孔武有力的美好祝福（如图 1–6）。

图1–5　郭培“东·宫”系列　款式2

图1–6　郭培“东·宫”系列　款式3

案例二 Elie Saab（艾莉·萨博）

Elie Saab（艾莉•萨博）是黎巴嫩著名的高级礼服品牌，长期活跃在欧洲时尚舞台上，一直以华丽、唯美的风格著称。在 2019 秋冬巴黎高级定制时装秀中，Elie Saab 设计了几款颇具东方审美元素的礼服裙，东西方审美融合得恰到好处，而且其中能看到明代服饰的影子，令人耳目一新。

Elie Saab（艾莉•萨博）2019 秋冬巴黎高级定制

黑色交领、收腰、阔袖礼服裙，具有明显的上襦下裙的明朝女服款式搭配。右衽交领式的设计，其结构和宽窄很像明朝汉服交领设计。上衣袖型与衣身做平袖设计，袖型是小阔袖设计，腰部用宽腰带收紧。裙子下摆开衩的设计是现代新颖的设计，与上半身含蓄、内敛的东方式袍服形成对比（如图 1–7）。

紫红色礼服裙的及地外套形制类似明代大袖褙子或披风，对襟、合领、阔袖、直身，门襟和袖口处作镶边。这款服装用现代时装工艺，与西方礼服裙的设计处理方式相结合，把东西方审美融合得恰到好处。其中紫红地金色刺绣让这款裙子显得华丽夺目，而且刺绣纹样为明代吉祥主题“岁寒三友”的梅花、竹子、松树（如图 1–8），显出设计师对中国文化的了解和喜爱。

图 1–7 Elie Saab（艾莉·萨博）2019 秋冬巴黎高级定制时装秀 款式 1

图 1–8 Elie Saab（艾莉·萨博）2019 秋冬巴黎高级定制时装秀 款式 2

Elie Saab 的这款华丽的金色钟形大摆礼服裙搭配了同色的大袖褙子造型外套，外套的门襟处作刺绣装饰，与裙摆处形似凤凰的刺绣图案、装饰材料和颜色相呼应，显得大气、华丽、高贵（如图 1–9）。

这款服装借鉴了东方服饰结构特点的设计，如交领、琵琶袖、腰带收腰等特点。设计师还受到日本和服的启发，某些款式细节类似和服。当然，东亚服饰同根同源，尤其日本和服受到中国唐宋服饰影响深远，而明朝服装也继承和发扬了唐宋服装形制。因此 Elie Saab 的东方系列设计不可避免地有着明代服饰的造型特点（如图 1-10）。

图 1-9　Elie Saab（艾莉 · 萨博）
2019 秋冬巴黎高级定制时装秀　款式 3

图 1-10　Elie Saab（艾莉 · 萨博）
2019 秋冬巴黎高级定制时装秀　款式 4

案例三　盖娅传说

盖娅传说是基于中国传统服饰和当代艺术的高级定制服装品牌，致力于传承中国传统艺术美学和服饰工艺，并始终坚持将原创精神转化为独特的服饰美学文化。盖娅传统服装风格唯美、飘逸，古典自然，紧紧围绕中式传统主题进行设计，深受中外高定买家的喜爱。

盖娅传说 2017 春夏高级成衣“承”

如图 1-11，左边的款式沿袭了明朝女子褙子款式、廓形特点，合领、对襟，左右腋下开衩，衣襟敞开，在门襟处用盘扣固定、还起到装饰效果。褙子的下摆装饰有流苏，随着模特行走的步伐与长裙下摆一同飘荡、飞舞。该款的七分袖在两侧了做了开衩的创新处理，干练又优雅，让款式复古而又符合现代生活和穿着需要。

另一款是模仿明朝女子短衫与长裙的搭配，上衣是合领、对襟、七分袖设计，衣摆在腰间装饰短流苏。长裙采用不对称的三层裙摆，让款式具有层次感。两款配色都是相同的粉红渐变色、图案都是梅花定位花，款式领型也相似。两位模特一起款款走来，手上各持一个金灯笼，在视觉上显得对称、均衡，又不失古韵（如图 1-11）。

盖娅传说“承”西施系列继承了明代女子“上襦下裙”的穿着搭配。款式 3 成人女子的裙装款式重新演绎了现代的“上襦下裙”，既保留了明朝服饰特点，如交领、马面裙、琵琶袖等，在面料、配色上面使用现代工艺和审美，让款式新颖别致又古韵浓郁。孩子的服装裙子没有马面，也保持了交领和琵琶袖的特点，款式和配色与成人女装大同小异，是一套汉服母女装（如图 1-12）。

图 1-11　盖娅传说 2017 春夏高级成衣“承”贵妃系列　款式 1、2

该款也是传承汉服型制，上半身对襟、小口琵琶袖，搭配长裙。对襟用金嵌扣在胸前固定，也是明代女服的一大特色。服装整体粉红配色与系列渐变色相呼应，同时红色作为明朝只有皇室贵族和高品阶官员命妇才能用的颜色，提升了服装的格调（如图 1-13）。模特手持的灯笼饰品，造型来源于明朝灯笼型耳饰，灯笼上面用圆环固定，下垂流苏，里面的烛火若隐若现，颇具情趣。

图 1-12　盖娅传说“承”
2017 春夏高级成衣西施系列　款式 3、4

图 1-13　盖娅传说“承”
2017 春夏高级成衣西施系列　款式 5

案例四 谭燕玉（Vivienne Tam）

谭燕玉（Vivienne Tam）作为一名华人设计师，在欧美时装界拥有很高的知名度。她的设计糅合了东方文化艺术和现代西方的审美。她从中国文化的绘画艺术、书法、装饰纹样中撷取灵感，融入到现代服装的结构、细节和图案中，转化成为当代时尚服饰语言。她用含有东方意蕴的时装向世界诠释了中华文化的多彩缤纷和博大精深。

谭燕玉（Vivienne Tam）2015 春夏

谭燕玉一直以来秉持着中式审美的设计主旋律，即使服装风格多显年轻、时尚，但是不影响她把自己最喜爱的中华文化融入其中。这个系列她把中国画和传统装饰纹样中的梅花、竹子、飞鸟作为系列设计中的主要图案，与现代复合网状运动面料相结合，呈现出不拘一格的设计风貌。传统与现代、古典与流行、文艺与运动，完全不同的两种风格元素在她的巧妙转化下，呈现出美妙的设计效果。

这款上衣的设计用中国四君子中的梅花和竹子作为基础图案，其中在胸前梅花枝干位置停留了一只小鸟。设计师把服装作为画纸在上面描绘了一幅美妙的中式花鸟画，构图用心，配色恰当。当我们仔细观察，又会发现上衣面料其实是一种网状弹力运动面料。设计师把传统图案与现代面料、工艺和穿着习惯结合起来，显得毫无冲突，而又恰到好处（如图 1–14）。

中式传统图案作为这个系列的设计重点，被设计师深入地挖掘和研究。竹子和梅花的图案除了用传统具象的绘画形式表现之外，还被转化成为抽象的几何图案（如图 1–15、图 1–16），这既是设计师的再创作，也符合了系列年轻、运动、时尚的风格要求。

海水纹一直是传统装饰纹样常用的内容，设计师把海水纹纹样再设计了一番，海浪的造型疏密有致，虚实结合，而且还针对款式版型做成了定位花，让海浪有层次地漫延在长裙之上（如图 1–17）。

图 1–14 谭燕玉 2015 春夏系列 款式 1

图 1–15 谭燕玉 2015 春夏系列 款式 2

图 1-16　谭燕玉 2015 春夏系列　款式 3

图 1-17　谭燕玉 2015 春夏系列　款式 4

项目二　明朝服饰元素时装设计思维开拓

明朝是中国最后一个汉族朝代，明朝的服饰代表了中国汉服的最终形态和巅峰之作，并且留给我们为数众多的服饰艺术宝藏，为我们提供了设计所需的设计灵感素材和学习资料。服装设计离不开前期的灵感积累和启发，明朝服饰作为时装设计的参考素材和灵感元素，需要进行前期的款式分析，才能成功地转化成为服装语言，即服装的颜色、面料、廓形、结构、细节等，然后有效地与当下时尚相结合，最终完成系列款式的设计思维过程（如图 2-1）。

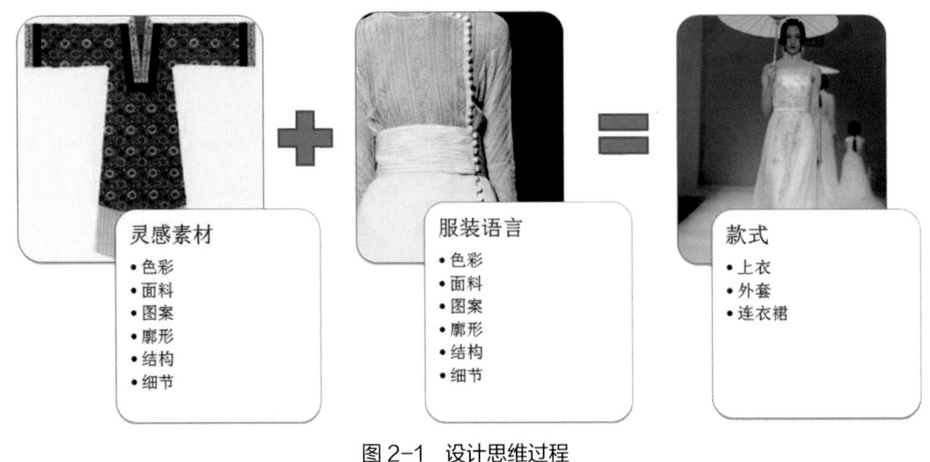

图 2-1　设计思维过程

以服装本身作为设计灵感，其思维过程相对其它非时装类灵感要简单，因为省略了其转化过程而降低了难度。但我们需要具有提取、解析灵感素材的能力，还需要跳脱传统风格的束缚，将灵感融入现代设计语境进行思考，将其转化成为现代时装设计语言，从而成为具有商品价值的时装款式。

我们按照设计思维的过程来理解明朝服装作为设计灵感素材在设计过程中的位置，按照明朝服装款式、明朝服装面料装饰、明朝服饰色彩图案和明朝服装配饰妆容四大类作为切入点进行分析讲解其在现代设计中的应用方法、形式及其设计思维特点。

一 明朝服装款式的现代设计应用

明朝服装的款式可以是服装的廓形、组成部件、版型结构，或是服装款式的造型元素。比如明朝男服的圆领、曳撒、贴里、道袍等，女服的上襦下裙，都能成为服装款式借鉴的设计灵感。所谓组成部件，是指服装的领子、门襟、袖型、袖口等的服装组成部件。设计师可以从明代服装部件中获取灵感，转化成为现代设计语言。而版型则是现代服装制版的语言，应用于明代服装，是为帮助我们更好地理解古代服装内部结构，从而帮助我们进行时装的设计，适应当代人群服装的穿着习惯（如图 2-2）。

图 2-2　明代御制黄缎刺绣十二章纹龙袍袍料

明代风格的款式设计可以直接沿用款式本身，如下图的盖娅传说汉服设计款式，基本上是对明朝礼服的完全继承和再现（如图 2-3）。这对于中国传统文化和品牌知名度在海外的普及和宣传是有积极意义的。当然更多的时候，设计师需要考虑关于当代时装服装语言的转化。如盖娅传说画壁系列的这个款式就是对明朝上襦下裙的再创作，而且裙摆是模仿凤尾裙的款式结构（如图 2-4）。

图 2-3　盖娅传说汉服设计款式

图 2-4　盖娅传说 2019 画壁系列　款式 27

吉祥斋的这款设计，运用了明朝女性上襦下裙的款式设计，上身为对襟短衫，门襟、下摆和袖口处用同色缎镶边，用流苏再加装点。纱裙的裙摆从腰间倾泻而下，随着模特的步伐，半透明的面料让裙型若隐若现（如图 2-5）。

图 2-5　吉祥斋　静水深流系列

二 明朝服装面料与装饰的现代设计应用

使用传统面料来设计时装可以直接营造出古典服饰的韵味，设计技法直接有效，设计过程相对简单易行，也是很多做中式古典风格的设计师惯常使用的设计方法。只要挑选正确的明朝风格面料，再融合一些传统的装饰细节，结合现代时装设计语境，就可以创造出复古与时尚结合的现代时装（如图 2-6）。

图 2-6　Vivienne Tam2012 春夏　宝相花纹提花面料时装

明朝风格的面料可以结合现代织造工艺，在市面上能够较为容易地获得。明代装饰细节，比如我们前面模块里讲的琵琶袖的设计、立领结合金嵌扣的使用，褙子对襟的装饰等，只需取其中一样做点缀，就能让整个款式充满浓郁的明朝汉服气息。如盖娅传说的这款服装使用了明朝女子常用的提花面料，结合立领金嵌扣的装饰设计，以及小泡泡袖口模仿琵琶袖的结构。同时模特手捧宝塔，头戴金冠，颈部佩戴的圆形项链与一款明朝金禁步十分神似。这些细节造型为我们展现出一位高贵婀娜的明朝女子（如图 2-7）。

东北虎的这款“水田衣”短上衣，沿用了明朝“水田衣”的面料小块拼接的设计特点，在每块面料上又进行刺绣点缀，让整个款式看上去富有装饰性和趣味性。再结合小立领和对襟琵琶扣的设计，一款干练时尚的现代“水田衣”应运而生（如图 2-8）。

这款礼服（如图 2-9）是中式面料装饰与西式服装剪裁的完美结合，服装整体使用明朝装饰风格刺绣锦缎面料，上半身用立体裁剪设计了胸衣式无领上装，胸口系结，在袖口和下摆处用了异色镶边刺绣装饰。长裙沿正中开衩，开衩上半部分作如意云纹和盘扣设计，下半段用异色镶边刺绣装饰。装饰语言形似明朝女子褙子的门襟和开衩设计。

图 2-7　盖娅传说　2019 画壁系列款式 7

图 2-8 东北虎　2015“明 · 礼”高级定制华服发布会作品

图 2-9　Chloë Sevigny 在 2015 Met Gala 上穿着 J.W. Anderson 中式纹良礼服

三　明朝服饰色彩与图案的现代设计应用

明朝皇室贵族喜用黄、黑、红，其中红色在明朝权贵阶层是高贵的颜色，只有高品阶的官员才能用，且需要在隆重场合礼服穿着。同时按照我们传统习俗，婚嫁时红色也是必不可少的。于是红色作为中华民族汉服传统，成为直到现在都是具有深刻意义的色彩。龙凤原是帝后才能用的图腾符号，代表着至高无上的权力和地位，现在成为婚嫁时新人自己婚服和装点婚礼的重要元素（如图 2-10、图 2-11）。

图 2–10　东北虎　2015“明 · 礼”高级定制华服发布会款式

图 2–11　郭培 · 玫瑰坊　红色汉服礼服

明朝的装饰纹样是中国历史上的高峰，几乎每一个图案都有吉祥寓意，对中华吉祥纹样文化发展有着里程碑的意义。现在我们朗朗上口的祝福语和吉祥话都可以在明朝的吉祥纹样中找到出处，如年年有余、一帆风顺、松鹤延年等。这些视觉化的吉祥祝福直到现在我们依然在使用着，在一些时装中也能找到它们的踪影（如图 2–12 ~ 图 2–15）。

图 2–12　郭培《东 · 宫》系列　仙鹤纹样应用

图 2–13　郭培《东 · 宫》系列　喜牡丹纹样应用

图 2-14　Vivienne Tam 2012 春夏　龙纹时装

图 2-15　Vivienne Tam 2015 春夏　岁寒三友纹样时装

四 明朝服装配饰的现代设计应用

明朝配饰是祖先留给我们的一个巨大宝库，是中华民族服饰文化的璀璨明珠。其中无论是头饰、手饰、耳饰都是精雕细琢、精彩绝伦的艺术品，给予现代设计师的启发是巨大的，即使穿越数百年，仍然在历史的长河中熠熠生辉，甚至影响到现代饰品首饰的形态。我们现在仍然能在使用的饰品款式中找到明代饰品的形似之处，以及设计师效仿的痕迹（如图 2-16 ~图 2-19）。

图 2-16 郭培“东 · 宫”系列饰品 耳饰

图 2-17 郭培“东 · 宫”系列饰品 臂钏

图 2-18 郭培“东 · 宫”系列饰品 腰饰

图 2-19 郭培“异世界”系列饰品 头冠

该款式重点在于头部设计的头饰。该头饰形状似葫芦，葫芦在明代是具有吉祥寓意的符号，代表福禄。同时头饰设计又像明朝贵族女子戴的头冠，两侧的步摇也是形似凤冠两侧的珠链设计。这款设计与西方文化风格相结合，兼具哥特风格，是中西服饰融合的成功典范。

专题二

清朝服饰分析及设计思维开拓

模块一

中国清朝服饰发展脉络及服饰特征分析

图 1-54　清乾隆　石青缂丝金龙彩云二式皇后朝褂

（1）朝褂

二维码 1-13　皇后朝褂

朝褂（如图 1-54）是一种清朝贵族女性专用的礼褂，穿着时套在朝袍外面。形制为无袖、对襟、圆领、上瘦下松的外褂，用织金锻、织锦绸、织锦纱镶边，用色为石青。领后有镶有珠宝的明黄色的绦条。朝褂的材料选择会根据季节的不同而变换，春季多用绸缎缂丝制成的夹朝褂；夏用纱做单，凉爽透气；秋、冬则用绸缎做棉，御寒保暖。

（2）朝袍

朝袍（如图 1-55 ~ 图 1-57）主要由三部分组成，披领、披肩及袍身。披肩是从腋下至肩的部位缝上装饰物，装饰物上宽下窄约 10 厘米宽，从视觉效果上来看，像是肩膀部位有了披肩，这是皇后朝袍与皇帝朝袍不同的地方之一；箭袖、中间袖、接袖三部分组成了朝袍的袖身，并以龙纹、彩云图案加以装饰。

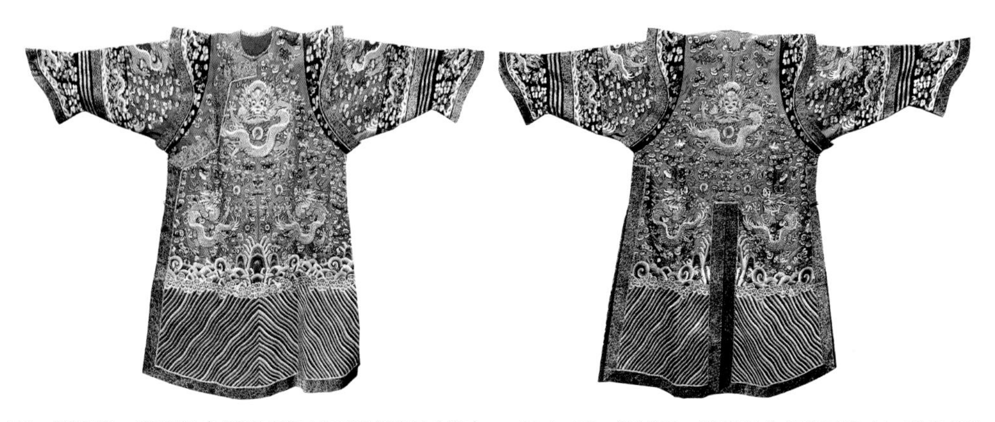

图 1-55　清光绪　缎地绣金龙彩云海水江崖纹朝袍（前）　图 1-56　清光绪　缎地绣金龙彩云海水江崖纹朝袍（后）

图 1-57　清皇后朝袍一式　北京故宫博物院藏

二维码 1-14　皇后朝袍

图 1-58 冬女朝裙 清高宗孝贤纯皇后御用

（3）朝裙

朝裙是皇后参加祭祀、朝会时的专用服饰，为必穿之物，从外面看不到。根据季节分为冬朝裙和夏朝裙，据记载，“冬用片金加海龙缘，上用红织金寿字缎，下石青行龙妆缎，皆正幅。有襞积。夏以纱为之。”

冬朝裙服制为圆领大襟，左右开裾，无袖，身后垂二带，缀银鎏金光素扣四，铜鎏金簪花扣二。裙上、中两层用大红织金团寿纹缎，下层用石青云龙纹妆花缎，片金镶貂缘，内测间距捶碟条状金板三十五块，上嵌珊瑚、绿松石，两端用珍珠、珊瑚珠相连（如图 1-58）。红色的织金“寿”字只出现在冬朝裙上，并以花缎为料装饰在朝裙下部，石青色织金五彩行龙饰之。夏朝裙（如图 1-59）只是在裙边镶有金边，其他样式和冬朝裙一致。

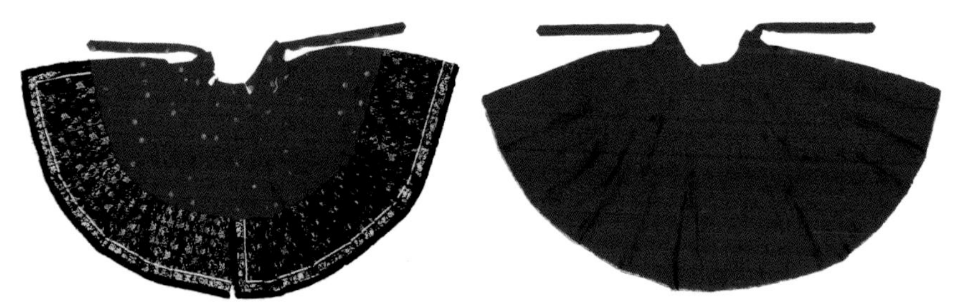

图 1-59 女朝裙（左：冬朝裙 右：夏朝裙）

3. 龙褂

皇后龙褂，为吉服褂，只能为皇后、皇太后、皇贵妃、贵妃、妃、嫔等服用。样式为圆领、对襟、左右开气，袖端平直的长袍（如图 1-60，图 1-61）。皇太后、皇后龙褂有二式：皆为石青色，一式绣五爪金龙八团，两肩前后正龙各一，襟绣行龙四条，下幅八宝立水，袖端绣行龙各二；二式为袖端及下幅不施章采，余同一式。

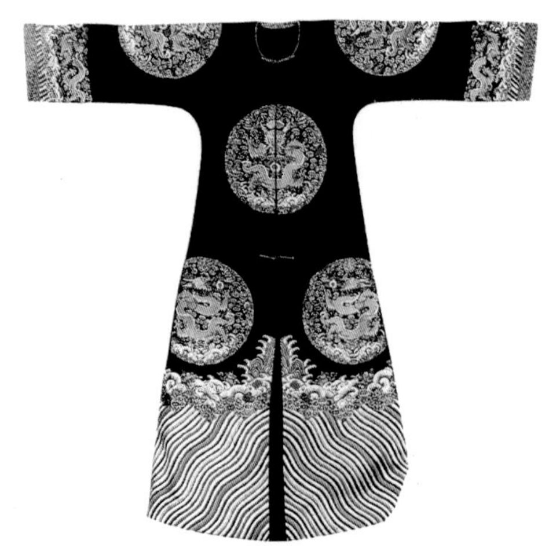

图 1-60 清道光 石青缎绣八团金龙有水纹女单龙褂

图 1-61 清光绪 八团女龙褂

4. 吉服

皇后吉服也叫龙袍，服制为明黄色地，圆领、左右开裾、右衽大襟，马蹄袖直身长袍（如图 1-62）。领与接袖、综袖、袖端石青用色。

二维码 1-15 皇后龙袍

5. 常服、便服

皇后常服、便服为皇后日常穿着的服装。常服袍款式为左右开裾、箭袖、右衽直身袍（如图 1-63）。颜色花纹多为暗纹，形式朴素。便服多为无开裾、无箭袖的服装，除了不可穿着超越自己身份的色彩及纹样外，无明确服制要求。

图 1-62 清乾隆 一式香色缤龙袍

图 1-63 明黄绸暗团寿纹单袍

思考题

分析此款皇后朝褂为哪一式朝褂，每一层分别为什么纹样？

图 1-64 皇后朝褂

任务实践

1. 整理皇后服饰款式种类，并挑选其中某一品类服装绘制整体款式图。
2. 提取皇后服饰品类中的服饰元素进行时装款式设计。

二维码 1-16 案例分析：皇后服制

（二）命妇服装款式分析

命妇，泛称受有封号的妇女，一般多指官员的母、妻而言，俗称为“诰命夫人”，封号皆从夫官爵高低而定。除了皇后和皇帝是不讲品级的，而其他后宫佳丽和皇室官员女眷都和前朝的大臣一样有严格的品级。

命妇有内命妇与外命妇之分。

内命妇：指的是皇后、皇太后、太皇太后及未婚的公主、长公主、大长公主；还有宗室之母及其正妻、经过君主正式册封的嫔妃等。

外命妇：或称诰命夫人，指的是已婚的公主、长公主、大长公主等，以及所有经过君主敕封爵位的官员之母或正室，有时后妃除生母以外的女性直系尊长（如养母、祖母、从祖母等）也能获得君主册封爵位。而除公主以外，一般得到外命妇身份的女性，封爵等级皆从夫之官衔高低而定，例如一品夫人、二品夫人、三品淑人、四品恭人、五品宜人、六品安人、七品以下皆为孺人的外命妇等级。

1. 朝服

（1）朝褂

命妇的朝褂服制为无袖、对襟、圆领、上瘦下松的外褂，为石青色，边缘以片金镶嵌。与百官服饰相呼应，纹样是蟒纹，领后垂石青色绦带（如图 1-65）。

（2）朝袍

命妇朝袍（如图 1-66）颜色款式随身份地位不同各有不同。皇后以下的贵妃朝袍形制与皇后相同，只是颜色用金黄色，嫔以下用香色。皇子、世子、郡王福晋朝袍用香色，披领及袖皆石青，片金缘，冬加海龙缘。肩上下袭朝褂处亦加缘，绣文前后正龙各一，两肩行龙各一，襟行龙四，披领行龙二，袖端正龙各一，袖相接处行龙各二，裾后开。领后垂金黄绦，杂饰惟宜。贝勒夫人朝袍，蓝及石青诸色随所用，领、袖片金缘，冬用片金加海龙缘。绣四爪蟒，领后垂石青绦，裾后开。民公夫人和一到七品命妇朝袍，蓝及石青诸色随所用。披领及袖皆石青，冬用片金加海龙缘。绣文前后正蟒各一，两肩行蟒各一，襟行蟒四，中无襞积。披领行蟒二，袖端正蟒各一，袖相接处行蟒各二。后垂石青绦，杂佩惟宜。夏袍制与冬制同。

图 1-65　清嘉庆　云龙海水江崖纹五式女朝褂（正反面）

此式为皇子福晋、亲王福晋、世子福晋朝褂

图 1-66　红地缂丝团鹤纹一品夫人袍服

（3）朝裙

一品命妇至三品命妇的朝裙款式与皇后朝裙类似，根据季节可分为冬朝裙和夏朝裙。形制为上身用红缎，下身用石青色绣有蟒纹的妆缎面料。四品至七品命妇朝裙上身用绿缎为面料，下身为石青绣蟒妆缎面料。冬朝裙以海龙镶边，夏朝裙用片金镶边。

2. 吉服袍

命妇的吉服叫做蟒袍（如图 1-67），右衽，大襟，左右开气，宽下摆，平袖长袍。除了皇太后到嫔妃着龙袍，其他命妇均着蟒袍。皇子福晋蟒袍，用香色，通绣九蟒。一品至三品用蓝色和石青色，绣四爪九蟒。下则用石青或其他诸色，四爪八蟒为四品至六品所用，七品命妇用四爪五蟒。

3. 吉服褂

命妇吉服褂（如图 1-68），为圆领、对襟，左右不开裾，平袖长褂，为命妇搭配吉服穿着参加重要场合的礼服。

图 1-67　石青缎地织锦五彩云八蟒袍

图 1-68　石青缎绣八团鹤纹女吉服褂

4. 霞帔

命妇霞帔（如图 1-69、图 1-70）是宋代以来妇女的礼服，到了清代形制有所改进：帔身放宽，阔如背心，并加了后片和衣领，下垂彩色绦，在胸前缀绣与丈夫官位相应的补子，不同的是上面只用鸟纹不用兽纹，表示女性贤淑，不宜尚武。此外，平民出嫁也可以将其作为礼服穿着。

图 1-69　命妇霞帔

图 1-70　清末命妇和官员合照照片

思考题

1. 命妇吉服有哪些种类，如何搭配穿着。
2. 比较明清两代命妇霞帔的特点和异同。

任务实践

1. 整理清朝命妇服饰款式种类。
2. 挑选命妇服饰品类中的某一品类，绘制款式图。

二维码 1-17　案例分析：命妇服制

三 平民服装

（一）平民男子服装款式分析

1. 帽子

（1）瓜皮帽

瓜皮帽沿袭明代的六合一统帽而来，又名小帽、便帽、秋帽。帽作瓜棱形圆顶，下承帽檐，红绒结顶（如图 1-71）。帽胎有软硬两种，硬胎用马尾、藤竹丝编成。帽檐用锦沿或以红、青锦线缘以卧云纹，顶后有的垂有红缨尺余。

图 1-71　清　穿珠绣双喜灯笼纹红绒结顶帽

（2）毡帽

毡帽为农民、商贩、劳动者所戴，有多种形式：半圆形，顶部较平；大半圆形；四角有檐反折向上；帽檐反折向上作两耳式，折下时可掩耳朵；帽后檐向上，前檐作遮阳式；帽顶有锥状者。士大夫所戴的，用捻金线绣蟠龙、四合如意加金线缘边。有的加衬毛里，为北方及内蒙古一带所戴。

（3）风帽

风帽又名风兜、观音兜，多为老年人所用，或夹或棉或皮，以黑、紫、深青、深蓝色居多。清末上海等地用红色绸缎或呢料作风帽。风帽戴于小帽之上，老太太、老和尚、尼姑亦戴黑色风帽。

（4）拉虎帽

拉虎帽即皮帽，脑后分开而以二带系之。另一种脑后不分开，名安髡帽。或帽身用毡，左右两旁用毛，下翻可以掩耳，前用鼠皮，也叫耳朵帽，原为皇帝、王公所戴。

（5）孩童帽

孩童帽帽顶左右两旁开孔装两只毛皮的狗耳朵或兔耳朵，以鲜艳的丝绸制作，镶嵌金钿、假玉、八仙人、佛爷等，帽筒用花边缘围，称狗头帽、兔耳帽。有的前额绣上一个虎头形，两旁与帽筒相连，帽顶留空，称虎头帽（如图 1-72、图 1-73）。

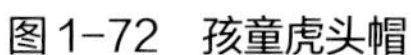

图 1-72　孩童虎头帽

图 1-73　清　童帽

2. 马褂

马褂（如图 1-74、图 1-75）是清朝男子常穿的服装，一般把马褂与长袍或长衫相配穿着。马褂长及肚脐，左右两边及后片下摆开气；袖口平直（无马蹄袖），袖子有袖长过手、或袖短至腕；门襟有对襟、大襟、琵琶襟等款式。冬天则流行翻毛裘皮马褂。

图 1-74　穿着马褂的清朝男子

图 1-75　对襟马褂

3. 袍

袍在清初的款式尚长，顺治末减短至膝，不久又加长至脚踝。袍衫在清中后期流行宽松式，有袖大尺余的。甲午、庚子战争之后，受适身式西方服装的影响，中式袍、衫的款式也变得越来越紧瘦，长盖脚面，袖仅容臂，形不掩臀（如图 1-76）。

4. 衬衫

衬衫穿于袍衫之内，衬衫的形状与长衫相似（如图 1-77）。也有上面不用二袖，上半截用棉布，下半截用丝绸，在腰部缝接而成的，称为“两截衫”。颜色初尚白，后一度流行玉色、蛋青色、油绿色，或白色镶倭缎、漳绒边。

图 1-76 清代广东外销画中描绘的穿长袍男子（左二）

图 1-77 穿着衬衫的清朝男子

二维码 1-18 巴图鲁坎肩

5. 马甲

马甲也叫背心、坎肩、紧身，是一种无袖的紧身式短上衣，有一字襟、琵琶襟、对襟、大襟和多纽式等多种款式（如图 1-78、图 1-79）。其中除了多纽式马甲无领外，其余均有立领。

6. 短衫短袄

短衫短袄有立领右衽大襟与立领对襟两式，与裤子相配。外束一条腰裙，是一般劳动人民的服装式样（如图 1-80）。

图 1-78 穿马甲长衫的清朝男子

图 1-79 一字襟马甲示意图

7. 裤子、套裤

南方农民夏穿牛头短裤，即传统的犊鼻裈发展而来。长裤于裤脚镶一段黑边，北方人穿长裤，用带子将裤脚在踝骨处扎紧，冬夏都如此。冬天的套裤，上口尖而下口平，不能盖住腿后上部及臀部，北方男女都穿（如图 1-81）。

8. 披领

遇庆典，除冠帽袍外，还要在礼服上另加披领，这是因为清朝礼服一般无领的缘故。春秋季节用浅湖色的缎，冬天则用绒或皮。领衣因为形似牛舌，所以俗称“牛舌头”。前面是对襟，用纽扣系住，束在腰间（如图 1-82）。

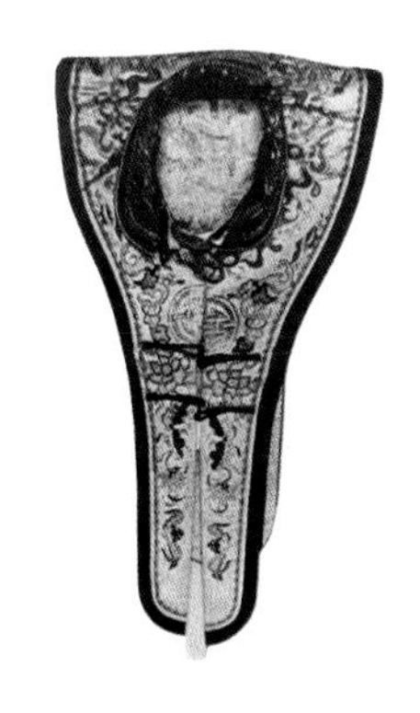

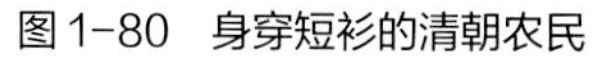

图1-80　身穿短衫的清朝农民　　图1-81　穿短衫长裤的清朝男子　　图1-82　披领

思考题

试分析图1-83中几名清朝男子分别穿着什么款式的服装。

图1-83　清朝男子照片

任务实践

1. 整理清朝平民男子服饰款式种类。
2. 挑选男子服饰品类中的某一品类，绘制款式图。

二维码1-19　案例分析：清朝服饰门襟形制分析

（二）平民女子服装

清代平民妇女服饰有满族和汉族两种不同的服饰。满族妇女不缠足、不穿裙，穿长袍，衣外坎肩与衫齐平，长衫之内有小衣，相当于汉族妇女的肚兜。汉族妇女以传统的上衣下裳为主，清中后期以后也相互效仿。

1. 马褂

女式马褂是穿着在长袍以外的一种服装。马褂款式有圆领、立领，对襟、大襟等，宽袖，圆摆，前后左右开气。袖子有挽袖，袖比手臂长的（如图1-84、图1-85），舒袖，即袖不及手臂长的（如图1-86）两类。女式马褂与男式不同的是，女式全身施纹彩，并用花边镶饰。

图 1-84 浅蓝暗花缎大镶边立领大襟马褂

图 1-85 绛紫色绸绣桃花团寿镶貂皮夹立领对襟马褂

图 1-86 藏青缎地平针绣团花纹对襟圆领女褂

2. 坎肩

坎肩又名紧身、搭护、背心、马甲，为无领无袖的上衣，式样有一字襟、琵琶襟、对襟、大襟、人字襟等数种，多穿在氅衣、衬衣、袍服的外面（如图 1-87、图 1-88）。《清稗类钞·服饰类》曰："半臂，汉时名绣裾，即今日之坎肩也，又名背心。"吴语称为马甲。清中后期，在坎肩上施加如意头，多层滚边。除刺绣花边之外，加多层绦子花边，捻金绸缎镶边。有的更在下摆加串珠、排穗等为饰，下摆有方摆、圆摆。

3. 褂襕

褂襕为妇女们在春秋天凉时穿于袍衫之外的长坎肩。款式为圆领，对襟或大襟，直身，无袖，左右两侧开气至腋下，前胸及开气的上端各饰一个如意头，周身加边饰，两腋下各缀有二根带，身长至膝下（如图 1-89）。

图 1-87 深蓝缎地平针打籽绣一字襟坎肩

图 1-88 蓝色暗花缎大镶边琵琶襟坎肩

图 1-89 藏青缎地平针绣凤穿牡丹褂襕

4. 衬衣

清代女式衬衣为圆领、右衽、大襟、直身、平袖、右侧开大气、有五个纽扣的长衣（如图1-90、图1-91）。袖子形式有长袖、舒袖（袖长至腕）、半宽袖（短宽袖口加接二层袖头）三类，袖口内另加饰异色袖头。它是妇女的一般日常便服，为旗袍的一种，清中晚期盛行。以绒绣、纳纱、平金、织花的为多。周身加边饰，晚清时边饰越来越多。常在衬衣外加穿紧身，秋冬加皮、棉紧身。

图1-90　蓝缎地平针绣蝶恋花半宽袖女衬衣

图1-91　紫缎地平针绣蝶恋花长袖女衬衣

5. 衫

女衫款式为圆领、大襟、右衽、直身、平袖的短款上衣。部分衣领处有云肩设计，袖口处一般接精致细腻刺绣图案的挽袖。在衣襟、下摆和开气处有花纹图案，部分开气处做如意头纹饰（如图1-92）。

6. 袄

袄款式为圆领，大襟、右衽，左右开气，宽直袖，袖口处一般接刺绣图案挽袖。常在领口、衣襟、下摆处做大镶边和如意头纹饰（图1-93）。袄为秋冬穿着女服，面料较厚实，多做夹层或棉絮。

图1-92　紫色暗花缎大镶边女衫

图1-93　粉缎地大镶边右衽女袄

7. 氅衣

氅衣与衬衣款式大同小异，唯一的不同在于，衬衣在右侧开大气，氅衣则左右开气高至腋下，开气的顶端必饰云头。且氅衣的纹饰也更加华丽，边饰的镶滚更为讲究，在领托、袖口、衣领至腋下相交处及侧摆、下摆都镶滚不同色彩、不同工艺、不同质料的花边、花绦、狗牙儿等（如图1-94、图1-95）。

图1-94　黄色平针绣蝶恋花大边女氅衣

图1-95　紫色暗纹绸大镶边女氅衣

在穿衬衣和氅衣时，在脖颈上系一条叠起来宽约二寸、长约三尺的绸带，绸带从脖子后面向前围绕，右面的一端搭在前胸，左面的一端压过右端的上面再掩入衣服捻襟之内。围巾一般都是浅色，绣有花纹，花纹与衣服上的花纹配套，讲究的还钉有金线及珍珠。

8. 裙子

裙子主要是汉族妇女所穿，满族命妇除朝裙外，一般不穿裙子。至晚清时期则汉满服装互相交流，汉满妇女都穿。清朝裙子有百褶裙、马面裙、阑干裙、鱼鳞裙、凤尾裙、红喜裙、玉裙、月华裙、墨花裙、粗蓝葛布裙等。

（1）马面裙

马面裙服制为前面有平幅裙门，后腰有平幅裙背，两侧有褶。裙门、裙背加纹饰。上有裙腰和系带（如图 1-96、图 1-97）。

图1-96　红缎地蝶恋花马面裙

图1-97　紫色缎地彩绣四龙八凤纹马面裙（正面穿着效果）

（2）百褶裙

百褶裙前后有 20 厘米左右宽的平幅裙门，裙门的下半部为主要的装饰区，上绣各种华丽的纹饰，以花鸟虫蝶最为流行，边加缘饰。两侧各打细褶，有的各打五十褶，合为百褶。也有各打八十褶，合为一百六十褶的。每个细褶上都绣有精细的花纹，上加裙腰和系带，底摆加镶边（如图 1-98、图 1-99）。

（3）阑干裙

阑干裙又称侧褶裙，形式与百褶裙相同，裙两侧打大褶，其褶皱较百褶裙褶皱宽，且每褶

图 1-98　黄丝绸地平针绣百鸟朝凤百褶裙

图 1-99　湖绿花卉纹暗花绸百褶裙（正面穿着效果）

都镶有花边，形似栏杆，故称阑干裙。裙门及裙下摆镶大边，色与阑干边相同（如图 1-100）。

（4）鱼鳞裙

鱼鳞裙形式与百褶裙相同，因百褶裙的细褶日久容易散乱，便用细丝线将百褶交叉串联，若将其轻轻掰开，则褶幅展开如鱼鳞状，故名鱼鳞裙（如图 1-101）。

图 1-100　红丝绸地打籽盘金秀云龙纹阑干裙

图 1-101　鱼鳞百褶裙

（5）凤尾裙

凤尾裙有三种类型，第一种是在裙腰间下缀绣花条凤尾（如图 1-102）。第二种是在裙子外面加饰绣花条凤尾，每条凤尾下端垂小铃铛。第三种是上衣与下裙相连，肩附云肩，下身为裙子，裙子外面加饰绣花条凤尾，每条凤尾下端垂小铃铛。这第三种凤尾裙，在戏曲服装中称为“舞衣”，在生活服装中也作为新娘的婚礼服使用（如图 1-103）。

图 1-102　凤尾裙

图 1-103　舞衣凤尾裙

（6）红喜裙

红喜裙为新娘的婚礼服，式样有单片长裙及阑干式长裙，以大红色地绣花，与大红色或石青色地绣花女褂配套。红喜裙在民国时期仍为民间普遍使用的女婚礼服。

（7）玉裙

玉裙为乾隆时民间流行的一种裙式。《扬州画舫录》卷九："近则以整缎褶以细裥道，谓之百褶。其二十四褶者为玉裙，恒服也。"

（8）粗蓝葛布裙

粗蓝葛布裙为满族下层劳动者所穿的裙子。据《故宫周刊·汉译满文老档拾零》记载，努尔哈赤于天命八年（1623年）六月发布的一次谕令中，曾提到"无职之护卫随侍及良民，于夏则冠菊花顶之新式帽，衣粗蓝葛布裙，春秋则衣粗布蓝裙"。这种穿粗蓝布裙的习俗，在汉族劳动人民及众多少数民族中也有。汉族民间不仅用粗蓝布作裙子，而且用蓝印花布制作裙子。裙式有蔽膝裙、中短裙、长裙等。

9. 一口钟

一口钟又名斗篷。为无袖、不开衩的长外衣，满语叫"呼呼巴"，也叫大衣（如图1-104、图1-105）。它有长短两式，领有抽口领、交领和低领三种，男女都穿。官员可穿于补服之外，但蟒服外则不许用。行礼时须脱去一口钟，否则视为非礼。妇女所穿一口钟，用鲜艳的绸缎作面料、上绣纹彩，里子讲究的以裘皮为衬。民国时期，女用的称一口钟，男用一般称斗篷。

图1-104　身着一口钟的清朝女子

图1-105　一口钟

10. 云肩

云肩为明清两代妇女作为搭配礼服披在肩上的装饰物。贵族妇女所用云肩，制作精美，有剪裁作莲花形、如意形，或一周编织流苏（如图1-106～图1-108）。慈禧所用的云肩，有的是用又大又圆的珍珠穿织的，一件云肩用三千五百颗珍珠穿织而成。

图1-106　如意云头蝶恋花云肩

图1-107　如意云头富贵平安云肩

图1-108　黄绿缎叶形云肩

11. 肚兜

清朝女子内衣称为肚兜，一般为菱形，上有带子，穿着时系于颈部和腰部。长度至小腹，遮住肚脐。材质以丝、棉居多。肚兜上多有寓意吉祥的刺绣纹样和印花（如图 1-109、图 1-110）。

图 1-109　杏黄缎三蓝打籽绣平安富贵纹扇形肚兜

图 1-110　蓝缎地平针绣连中三元肚兜

12. 裤子

清中期，只穿裤装不穿裙装的，多为侍婢或劳动妇女。清后期，女子穿裤者开始增多，裤式为高腰、合裆、裤长至脚，造型不像男子的裤那么肥阔。穿的时候用一条长带系腰，余下的部分作为装饰（如图 1-111）。女子的裤比男子的色彩鲜艳，花纹丰富，可以按自己的喜好选用。另外女子的裤口还有一个共同点，即在裤脚上饰有各种镶边。光绪时，裤口要做好几层镶边，第一道最宽，二、三道较窄。到了宣统的时候，裤管又变细窄，镶边也比以前减少。

13. 套裤

套裤仅有两个裤腿，没有普通裤子的上半段，穿时把裤腿套在裤子外面，用带子系于腰间固定，再把裤脚系牢（如图 1-112）。这样起到了抵御严寒的作用，同时还起到了装饰的作用。由于清代女装上衣袍服大多长及膝盖，膝下会露出一段套裤，露出的部分就成了装饰、刺绣的重点。

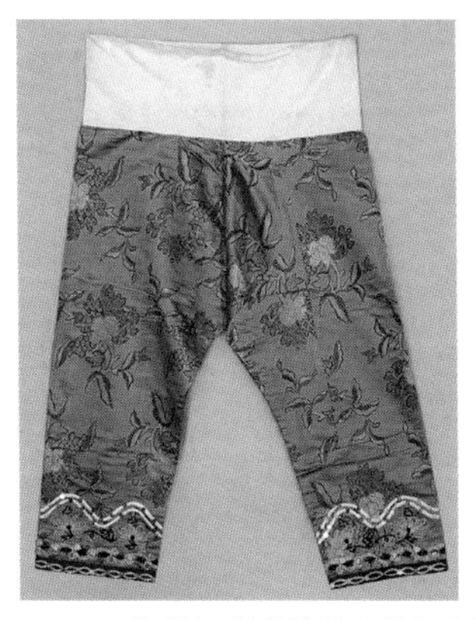

图 1-111　藕荷色大洋花纹暗花缎夹裤

图 1-112　紫红缎地平针绣莲花四君子纹套裤

14. 膝裤

南方妇女扎裤脚管者不多，到了冬天用装有棉花的直筒式的裹腿（考究的用锦绣）包裹系于小腿上，叫做膝裤（如图 1-113）。膝裤上像套裤一样，多装饰有繁复精致的图案。

图 1-113　红缎地平针绣狮子滚绣球膝裤

15. 绑腿

北方妇女由于冬天穿棉裤、套裤和膝裤时需要扎绑腿带，同时绑腿带也要露于服饰外，于是绑腿带上也常绣有精美纹样，两端还缀有流苏进行装饰（如图 1-114）。

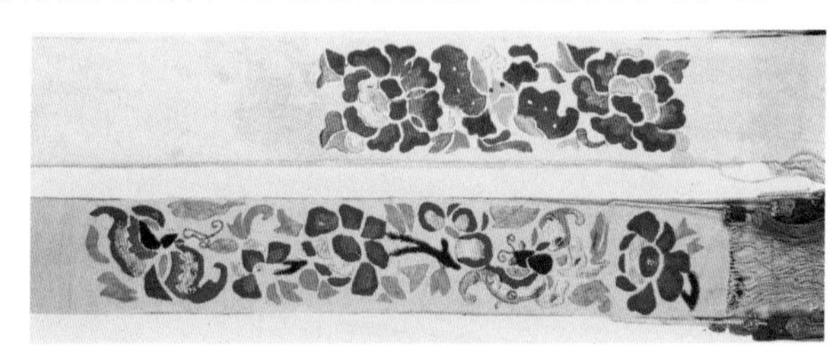

图 1-114　缎地平针绣蝶恋花绑腿

16. 鞋服

当时的清朝满族妇女在穿旗装时，必配穿用木底所制成的“高底鞋”或者“厚底鞋”。由于形似花盆，也有称为“盆底鞋”（如图 1-115），有的像马蹄，称“马蹄底鞋”（如图 1-116），有的形似元宝，称“元宝底鞋”（如图 1-117）。鞋面用彩色绸缎制成，在鞋面上装饰各种花纹，并且装饰各种珠宝，鞋跟都用白细布包裹，也装饰各种花纹、珠子，以显示富贵。清朝的汉族妇女因为要把脚裹成“三寸金莲”状，则穿小巧的三寸金莲鞋（如图 1-118、图 1-119）。

图 1-115　厚底鞋

图 1-116　马蹄底鞋

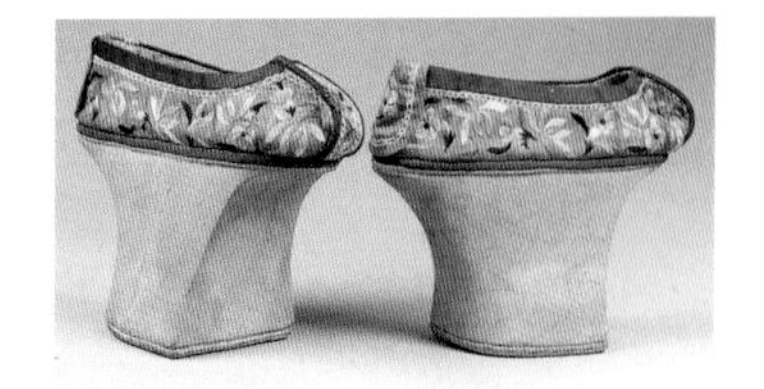

图 1-117　元宝底鞋

图 1-118　三寸金莲鞋

图 1-119　汉族妇女裹小脚所穿鞋子

思考题

1. 清朝女装款式有哪些种类？款式分别为哪些形式？
2. 服装款式和装饰图案可以如何运用在服装设计当中？

任务实践

1. 整理清朝平民女子服饰款式种类，比较满汉女子服饰异同。
2. 挑选女子服饰品类中的某一品类，绘制款式图。

二维码 1-20　案例分析：清朝汉族妇女服装演化

项目二　清朝服装面料与装饰

【学习重点】

1. 清朝服装面料的种类。
2. 清朝服装装饰手法的种类。
3. 清朝服装刺绣装饰形式及其工艺特点。

一 清朝服装面料及织造工艺

（一）丝织物

1. 绫

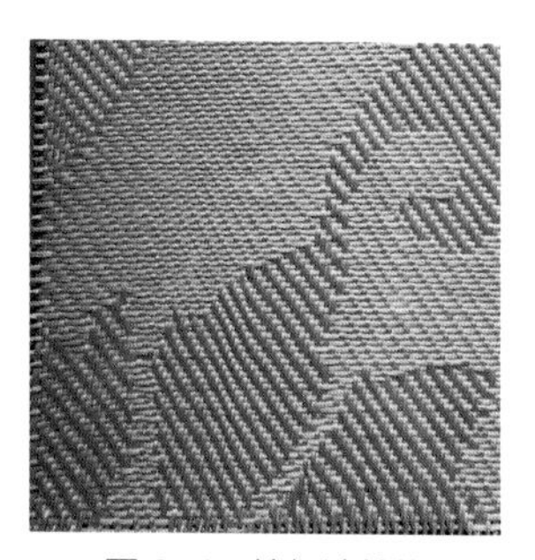

图 2-1　绫织造结构

绫是斜纹组织的丝织品，可分为素绫和纹绫（如图 2-1）。纹绫是单层暗花的织物，绫质地较为轻薄，光泽柔滑，历史可以追溯到殷商时期，唐宋时已用作官服的主要面料，当时称之为“绮”。有文献曰：“绮，欹也。其文欹斜，不顺经纬之纵横也。”

2. 罗

罗采用绞经组织使经线形成明显绞转的丝织物（如图 2-2、图 2-3），运用罗绸织法使织物表面具有纱孔眼，在商代已经出现。罗为纯蚕丝织物，质地紧密结实，纱孔通风透凉，穿着舒适凉爽，网眼多却排列有序。

3. 绸

绸是采用平纹组织或变化组织，经纬交错紧密的丝织物。其特征为绸面挺阔细密，手感滑爽（如图 2-4）。明清以来绸成为丝织品的泛称。直观区分的话主要从成品的色泽和手感上区分，绸属中厚型丝织物，纯桑蚕丝质地柔滑，反射的光线比较柔和。

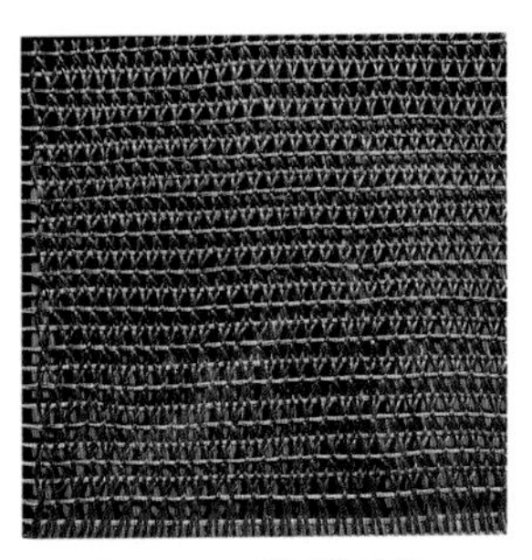

图 2-2　罗织造结构

图 2-3　罗织物结构示意图

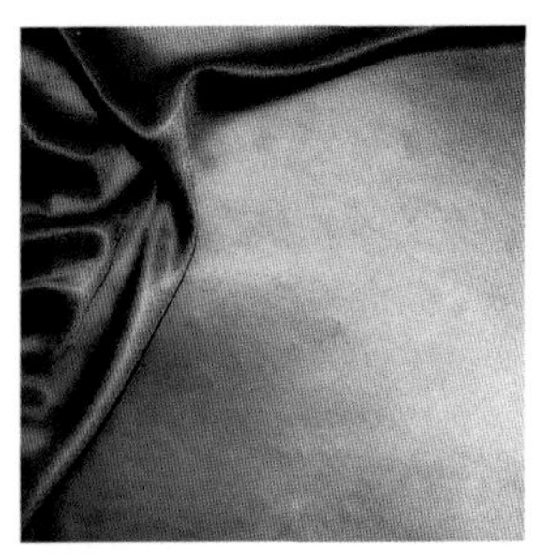

图 2-4　丝绸

4. 缎

缎纹组织中经、纬只有一种以浮长形式布满表面，并遮盖另一种均匀分布的单独组织点，因而织物表面光滑有光泽（如图 2-5）。经浮长布满表面的称经缎；纬浮长布满表面的称纬缎（如图 2-6）。缎类织物最早见于元代，明清时成为丝织品中的主流产品，是丝绸产品中技术最为复杂，织物外观最为绚丽多彩，工艺水平最高级的大类品种。其特点是平滑光亮，质地柔软、色彩丰富，纹路精细，最常见的分五枚缎和八枚缎。

图 2-5　清　明黄地折枝牡丹缎

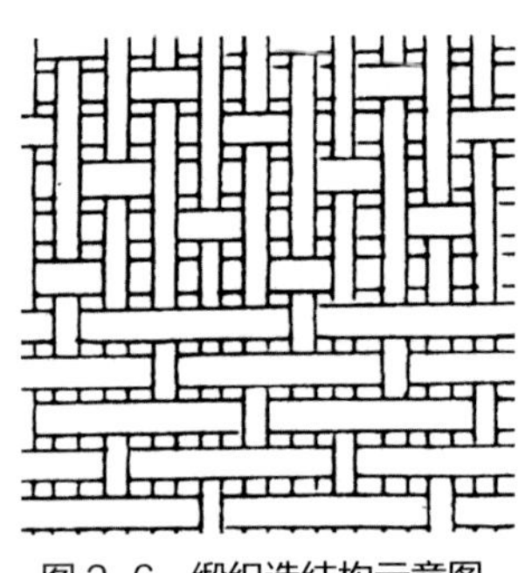

图 2-6　缎织造结构示意图

5. 绢

古代对质地紧密轻薄、坚韧挺阔、细腻平滑的平纹类丝织物通称为绢（如图 2-7、图 2-8）。平纹类织物早在新石器时代已经出现，并一直沿用至今，历代有纨、缟、纺、绨、绝、绸等变化。

图 2-7　绢织造结构

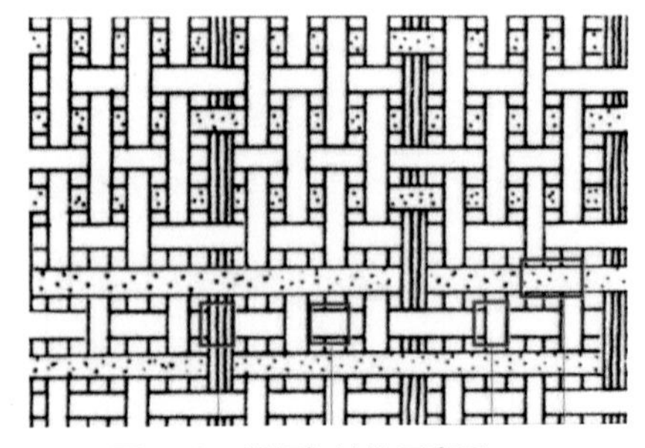

图 2-8　绢织物结构示意图

6. 绒

绒为全部或部分采用起绒组织、表面呈现绒毛或绒圈的丝织物（如图 2-9）。汉代出现绒圈锦，在锦上织出绒圈。明清时期的绒有樟绒、漳缎等多种名称。

7. 纱

纱由经纱纽绞，形成均匀孔眼的纱组织织物（如图 2-10）。纱是轻薄透气的织物，古时多以蚕丝为之，也有棉麻织成。纱织物经纬线交织稀疏，孔眼均匀分布似繁星点点，穿身上半透不透，曼妙身姿若隐若现。

图 2-9　绒　织造结构

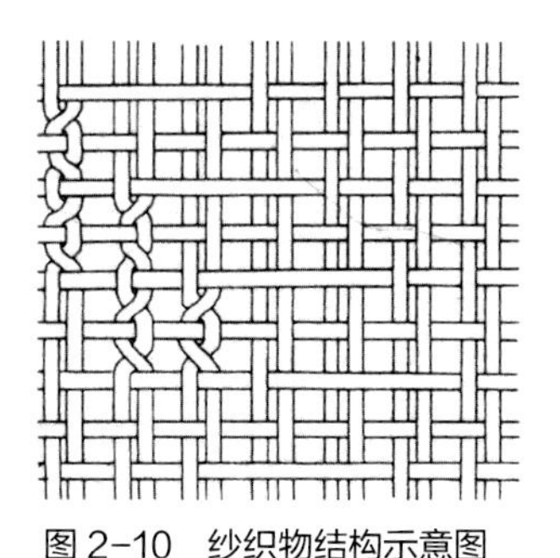

图 2-10　纱织物结构示意图

8. 锦

锦泛指具有多种彩色花纹的丝织物，有经锦和纬锦之分（如图 2-11、图 2-12）。锦的生产工艺要求高，织造难度大，材料考究，制作费工费时，是为古代最贵重的织物。明清时期，苏州织锦颇为盛行，其部分花色继承宋代风格而称“宋式锦”，纹样多为几何纹骨架中饰以团花或折枝小花，配色典雅和谐。“织金锦”是以金缕或金箔切成的金丝织制的，用金线显示花纹而形成具有金碧辉煌效果的织锦。

图 2-11　锦织造结构（左为经锦，右为纬锦）

图 2-12　清　黄地五彩八达云锦

（二）棉、麻织物

1. 布

清朝素有“夏葛冬棉”的穿衣习惯，棉布是人们重要的服装材料，棉布的种类有松江布、紫花布、交织布。《旧京琐记》中有记载“士夫长袍多用乐亭所织之细布，亦曰对儿布。坚致细密，一袭可衣数岁。”至清末，又出现了西方引进的印花布，也成为服装广为使用的面料。

2. 葛布

葛布俗称“夏布”，质地细薄，历史悠久，自明清以来，出现用丝纬葛经混织的布匹，为广大民众所喜爱。

（三）毛皮

毛皮在清代服饰中的广泛应用，受到满族传统服饰的影响以及汉族制皮技术的推动，演变成皇室贵族和官员，甚至百姓中不可缺少的服装材料，同时带有明显的等级观念的一种华丽服饰（如图 2-13）。在清代典章制度中，有关衣用皮毛规定，上至皇帝，下至庶民的各阶层人的穿用都有详细规定。清代裘皮有细裘、粗裘之分，上乘的貂、狐、羔、猞猁狲、海龙、獭、虎、豹皮等为细裘，为皇室及主要朝廷官员服用。鹿、狼、猪、马、狗皮等为粗裘，为宫中低层人或平民百姓穿用。毛皮在服装中的形式主要有镶边、翻毛、出锋等。

图 2-13　镶边紫貂皇帝冬朝袍

（四）面料材质装饰工艺

1. 妆花

妆花是采用挖梭工艺织入彩色丝线的提花织物（如图 2-14）。根据不同的织地组织，妆花织物可分为妆花纱、妆花罗、妆花缎等。妆花始于唐宋，盛于明清，是中国古代丝织品最高水平的代表。

2. 缂丝

缂丝是用生丝为经线，五彩熟丝为纬线，采用“通经断纬”的方法织造的丝织物。缂丝在中国有两千多年的历史，历经唐朝的兴起，宋朝的蓬勃，元明的发展，到了清朝，缂丝技艺得以继承和发展。奢华有余而艺术性不足（如图 2-15）。

图 2-14　妆花织造结构

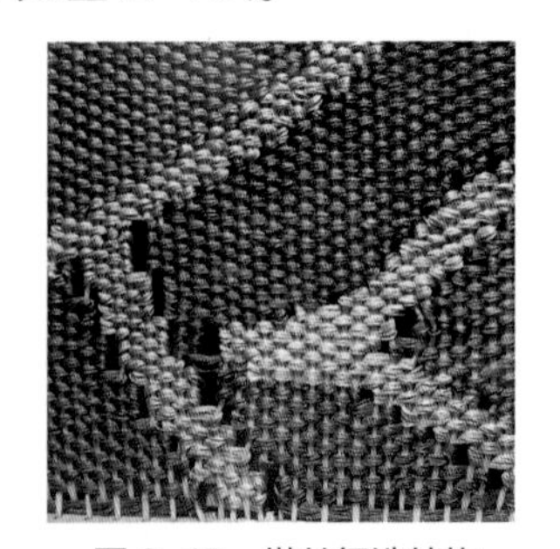

图 2-15　缂丝织造结构

思考题

1. 清朝服装面料有哪些种类？面料织物分别为哪些结构？
2. 皮革是如何运用在清朝服装中的？

任务实践

1. 整理清朝服装面料种类，并挑选其中某一品类面料进行研究。

2. 完成清朝服装面料调研报告一份。

二维码 2-1　案例分析：毛皮服装应用形式

二 清朝服装装饰工艺

（一）清朝服饰镶滚工艺

清朝服装装饰取材广泛，形式多样，工艺手法不仅用刺绣表达服饰纹样，“镶滚彩绣”工艺也达到了非常高的技艺，镶花边、滚绣、盘绣、金银丝绣、珠绣，甚至在纹样上装饰各种宝石、珠子等珠绣方式加强纹样装饰效果，再配以织锦面料的提花效果。清朝服饰装饰繁多，几乎装饰满服装的领、肩、胸、背、袖、下摆，使整件服装呈现出色彩缤纷、富贵奢华的效果。

1. 镶边

镶边是清代服饰最为突出的装饰特点。满族女子旗装上的镶花边之风源于当时用来弥补破损的袖口、领口、下摆等处。发展到后来，这种缝制方式成了一种装饰效果，成了当时的流行时尚。初时，镶边常装饰于服装的交襟、左右领口等处，用多道花边在交襟、左右腋下以及对襟等处做出如意云头式样的镶滚边（如图 2-16）。在坎肩上施加如意云头多层滚边（如图 2-17、图 2-18）；除刺绣花边之外，加多层绦子花边，捻金绸缎镶边；有的更在下摆加串珠、排穗等装饰，下摆有方摆、圆摆。到了清晚期，这种时尚达到了高峰，以至于未见服装本来面貌，只见镶滚花边。

图 2-16　镶如意云头滚边的清代女子服饰

图 2-17　清朝坎肩领口的如意云头镶滚工艺

图 2-18　清朝女服领口如意云头镶滚工艺

2. 镶拼

满族人对旗装的装饰非常讲究，旗装一般用各种精致的绸缎制作。绸缎自身的花色面料就已经色泽丰富，花样繁多，而此时往往还要在旗装上拼接深色素缎，在素缎上用刺绣、盘绣、珠绣等方式以写实的手法表现各种色彩艳丽的图案，最后还会镶上各种花色的缎带花边。而作为正式礼服的吉服袍，则把整只袖子分成几段，每段拼接异色料或装饰不同纹样，同时在袖口装饰“马蹄袖”，马蹄袖的正面和里面都装饰各种花纹。马蹄袖型女子礼服，大身红色，袖子用花蝶纹样黑色镶拼使袖子截断，再接马蹄袖，服装大身和肩部绣八团花，下摆赤、橙、青、紫海水江崖纹（如图 2-19）。

图 2-19　清道光　红色缂丝八团喜相逢纹棉吉服袍

3. 盘扣

随着满族窄衣服饰文化的发展，穿着服装时固定衣片的方式由盘结纽扣逐渐替代了系带，并被广泛应用在满族服饰和其他民族服饰中。清朝宫廷贵族男女服装装饰重点表现在服饰面料的华丽和刺绣工艺的考究上，盘扣一改明朝子母扣的形式，一般为金属或珠玉头的一字直盘扣，女子服饰上有简单的小盘花扣，这样更加突出衣服面料的华贵（如图 2-20、图 2-21）。盘扣扣头多为金属材质，圆形、花纹繁复，整体造型简单（如图 2-22 ~ 图 2-24）。男子服饰上一般情况全部使用一字直扣。清末，女子服饰上的盘扣以功能性的一字直扣为主，和兼具装饰性的软盘花扣为辅。

图 2-20　一字直扣

图 2-21　盘花琵琶扣

图 2-22 铜嵌白红米珠纽扣

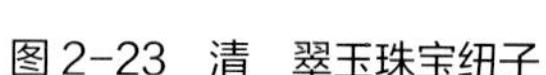

图 2-23 清 翠玉珠宝纽子

图 2-24 清 铜镀金蝙蝠纹纽子

思考题

1. 清朝服装镶滚装饰有哪些种类？分别为哪些工艺结构？
2. 清朝服装纽扣都有哪些种类和形式？

任务实践

1. 研究清朝服装镶滚装饰或盘扣手法，收集镶滚装饰或盘扣图片资料。
2. 完成清朝服装镶滚装饰调研报告一份，或者盘扣调研报告一份。

二维码 2-2 案例分析：清朝盘扣材质分析

（二）清朝服装刺绣工艺

清朝服饰刺绣种类有绒绣、辫子绣、帘绣、拉锁绣、打籽绣、缉线绣、戳纱绣、平金绣、网绣、堆续绣、缉珠绣、刮绒绣、十字排花绣等。

1. 辫子绣

辫子绣由绣线连续穿套，环环扣锁连成线面，又称“锁绣”，是最古老的针法之一，我国西周至北朝出土的刺绣文物基本采用这种绣法。绣面结构布满孔隙较不反光，色彩厚重，且线条弹性好，边线清晰富立体感，绣线结构坚固扎实、耐洗、耐磨，是最实用的绣法。因其外观呈辫子形，故名“辫子绣”。其以并列的等长线条，针针扣套而成。针连线向前绕圈，把针从原来线出来的地方戳下，从下一针要绣下的一点穿上来，如此反复进行（如图 2-25）。

图 2-25 辫子绣示意图

2. 帘绣

帘绣是借色绣的一种，属京绣系统，始创于清代。其绣法是在白色或淡色的绸缎上用淡墨勾勒纹样，然后根据纹样所需颜色，以各色双股捻合丝线顺着垂直方向罩铺。后针接前针接连成条形，稀密距离相等。行与行之间接线的针眼要上下参差，第一行与第三行并列，第二行与第四行并列。它适宜绣制人物的背景。花纹呈现出细雾朦胧的柔和之感，清雅含蓄。此法多用来绣制山水小景和折枝花卉。

3. 拉锁绣

拉锁绣以两根绣线绣制，绣法是先将第一根绣线由背面刺出绸面，第二根绣线紧靠第一根线脚刺出，用第一根线沿第二针逆时针方向盘绕一圈，拉起第二根线向后钉一针，将所绕的线圈固定，第二根绣线再向前刺出，仍用第一根线逆时针盘绕，并用第二根线钉固，由此连成以线圈组成的线条（如图 2–26）。拉锁绣又叫拉结子，常用于勾边，也可单用。

4. 打籽绣

打籽是汉唐以来的古老针法，其刺绣步骤为：上手将线抽出，下手移至绷面，把线拉住，将针放在线外，把线在针上绕一圈，并在近线根处刺下，下手还原，将针拉下，绷面即呈现一粒子（如图 2–27）。打籽有满地打籽和露地打籽之分，又因绣线粗细的不同而有粗、细打籽之别，粗打籽的形状像一粒粒小珠，突出于绸面；细打籽常采用退晕色，并以白色龙抱柱线或捻金线勾边，用来表现花纹质感。打籽绣的特点是绣纹立体感强，也最坚固，不易破损断裂，所以在一些服装易磨损部位常运用此针法。

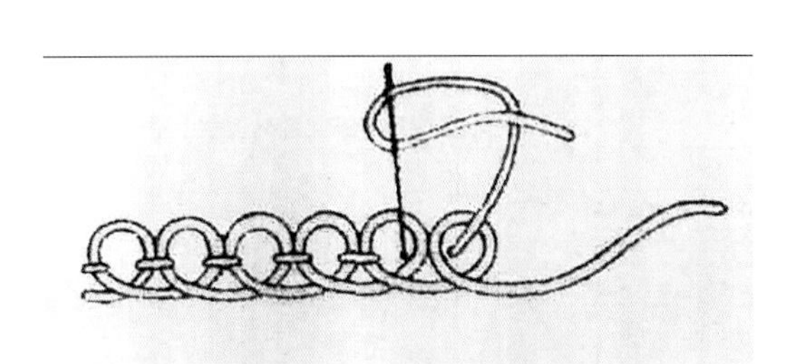

图 2–26　拉锁绣示意图

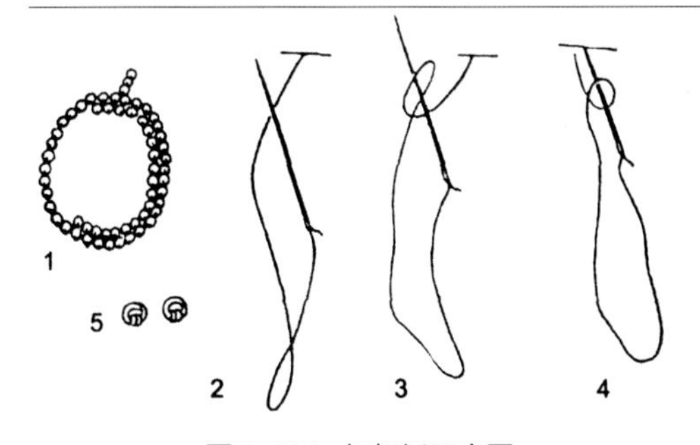

图 2–27　打籽绣示意图

5. 缉线绣

缉线绣是清代京绣中的常见绣法，与钉线绣基本相同，但采用的绣线特殊，常用的有双股强捻合的衣线，以马鬃或细铜丝、多股丝作线芯，以彩色绒丝紧密绕裹而成的铁梗线（又称包梗线或鬃线），还有以一根较细的丝线作芯，外用粗双股强捻合线盘缠，均匀间隔地露出芯线，使线表呈串珠状的龙抱柱线等（如图 2–28）。鲜线绣法是将这类特殊绣线按画稿的要求排满成花纹的轮廓线，同时以同色丝线把它钉牢，钉针距离也是 3 ~ 5 毫米，形成空心的花纹。

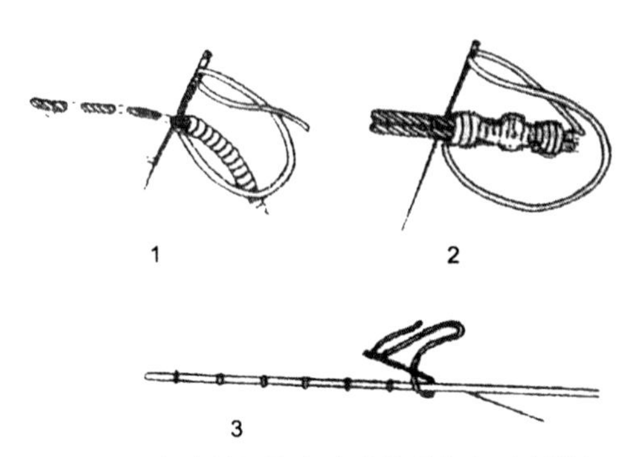

图 2–28 （1）铁梗线（2）龙抱柱线（3）鲜线绣

6. 戳纱绣

戳纱绣是秦汉以来的古老绣种。它以方孔纱或一绞一的直径纱作底料，用各色丝线或散绒丝按纱眼有规律地戳纳成花纹，又可分为“纳锦”和“纳纱”两类。一般把满地戳纳成几何纹的称为“纳锦”，把留有纱地的称为“纳纱”（如图 2–29、图 2–30）。

戳纱绣的针法有短串、长串两种。短串是每针绣线只压住一个纱眼，也称“打点”。长串是根据纹样和色彩有规律地拉长针脚，绣线与底料经线平行，显出几何纹的“水路”。这样绣出的花纹有缎面铺绒的效果，故也称“铺绒绣”。

图 2-29　清朝文官补子上的戳纱绣祥云纹样

图 2-30　戳纱绣

7. 平金绣

平金绣又称钉金绣，亦称盘金绣，是古老绣法之一。用捻金线和捻银线单根或双根盘围成花纹，同时以色丝线钉固（如图 2-31、图 2-32、图 2-33）。还有一种是只用捻金线钉出花纹轮廓，中间空出，称为"圈金绣"。清代捻金线有赤圆金、紫赤圆金、浅圆金三种，捻银线称为白圆金。

二维码 2-3　盘金绣

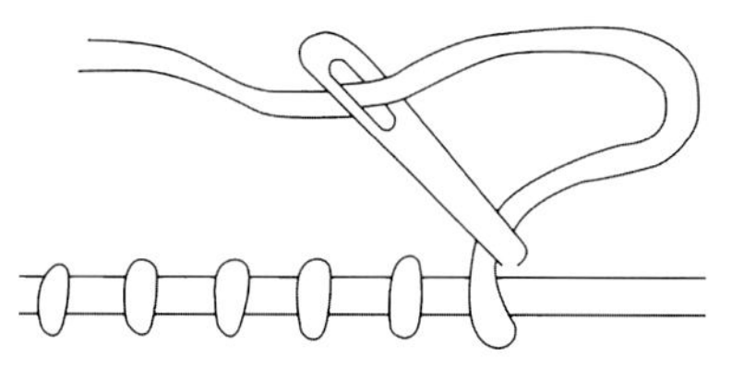

图 2-31　平金绣示意图 1

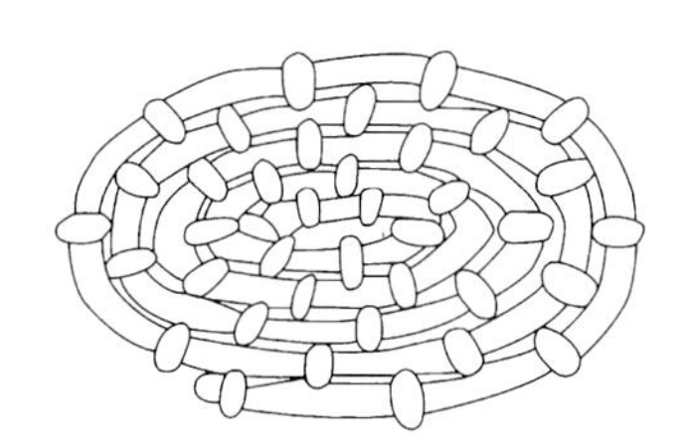

图 2-32　平金绣示意图 2

8. 网绣

网绣是用双股合捻的绣线，在底绸上按直、斜、平行线相互交叉，拉成各种几何网格。如龟背形、三角形、菱形、方格形等，再在这些图形内加绣其他几何形状，花纹都留有网状空眼而不填实，配色要用对比色，以使花纹清晰（如图 2-34、图 2-35）。网绣绣品风格朴雅，别具特色。

图 2-33　平金绣龙纹

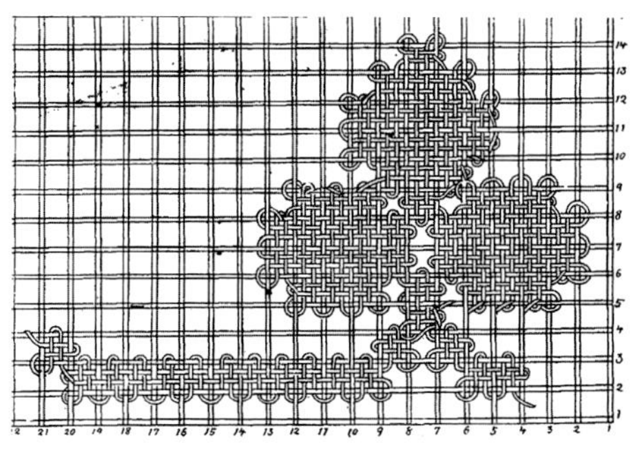

图 2-34　网绣花边示意图

图 2-35　清代五蝠捧寿纹网绣镜盒盖

9. 缉珠绣

缉珠绣是古代制作珠衣、珠帘、珠履等的工艺基础上发展而来的绣种。具体而言，是将白色米珠及红色珊瑚珠用丝线串连后在底绸上钉成花纹，再用龙抱柱线勾勒花纹轮廓，底绸一般采用天鹅绒、缎子等面料（如图 2-36）。缉珠绣多出于京绣和粤绣。

10. 十字排花绣

十字排花绣是指利用十字布的粗布丝绣出有规律图案的刺绣方法。用十字纹拼绣成各种图案，十字大小一致，抽拉线要力量均匀，才能保持布料平整，通常分为单色、彩色绣。图 2-37 中的十字绣所绣图案在衣缘中以两条宽窄不同的二方连续纹样及几何纹样组成，宽的一条以万字纹结合花纹组成，较窄的一条以菱形及花卉图案构成。十字绣图案装饰性强、耐洗、耐磨，现今在一些少数民族地区运用得比较多。

11. 贴布绣

贴布绣是民间织绣品传统工艺技法之一，也称“补花”，是用各色小块布料或丝绸、锦缎等剪出所需的装饰花形，粘贴在绣品需要装饰的部位，再在花形缘边等部位用针绣锁绣固定（如图 2-38、图 2-39）。其也有与刺绣、抽丝、手绘、印染等工艺相结合的。贴布绣制品因选料和工艺的特殊性，形成图案造型简练，装饰性强，色彩丰富，有浓郁乡土气息的民间艺术特色。

图 2-36　缉珠绣字纹

图 2-37　十字绣纹样

图 2-38　贴布绣

图 2-39　贴布绣花卉

12. 挖补绣

“挖补绣”是与贴布绣技法相反的一种刺绣技法。常以白色为底，再以黑、青色布剪成所需纹样，镂空处用颜色鲜艳的布料衬底。缝制后在纹样的边沿均匀地留出一条白色的轮廓线，衬托在色彩缤纷的图案底料上，显得十分别致。

思考题

1. 清朝服装款式装饰工艺有哪些种类？分别为哪些形式？
2. 清朝服装款式装饰工艺如何运用在服装设计当中？

任务实践

1. 研究清朝服装刺绣装饰手法，收集刺绣技艺相关资料。
2. 完成清朝服装镶刺绣装饰调研报告一份。

二维码 2-4　案例分析：四大名绣及京绣

（三）清朝服装装饰部位

清代服饰的装饰工艺广泛应用于服装的领口、衣襟、两肩、袖口、开衩口、下摆、裤口甚至通身，使服装层次鲜明，立体感突出（如图 2-40、图 2-41）。

图 2-40　清　青色暗花绸平绣女衫

图 2-41　清晚期　粉红色曲水二元花纹暗花绸袄、湖绿色花卉纹暗花绸绣牡丹博古纹百褶裙

打籽绣由于具有结实耐用、装饰性强的特点，所以装饰应用范围比较广泛。既可以装饰在袍服、袄的边缘，也可以装饰在裙的马面、阑干等处，甚至可以装饰袍服通身，主要用于绣制花蕊、果实颗粒等形象，可单独绣制花卉，也可与拉锁绣结合使用，形成和谐、厚重的效果（如图 2-42、图 2-43）。

图 2-42　蓝地五彩祥云海水江崖纹打籽绣龙袍

图 2-43　打籽绣细节

三蓝绣采用多种深浅不同、色调统一的蓝色绣线配色绣制图案，然而不限针法，平绣、打籽绣、盘金绣均可。三蓝绣色彩过渡柔和，清新雅致，多用于绣制装饰袍服下摆处的云纹、裙装阑干上的花纹和全身搭配，因其色调和谐、针法一致而呈现出淡雅清丽的风范（如图 2-44 ~ 图 2-46）。

图 2-44　清中期　三蓝绣瓜瓞绵绵纹褂襕

图 2-45　黄地三蓝绣马面裙

图 2-46　黄地丝绣花卉蝴蝶纹女袍

图 2-47　刺绣平金绣背心

缉珠绣多被装饰在帝后及皇亲国戚袍服的两肩、前后身、下襟、缘饰等部位，并用各色的珍珠、珊瑚米珠缉制龙纹、寿字纹、双喜纹和八宝纹等。绣品晶莹华丽、色调明快，再与彩绣等刺绣技艺相互结合运用，可呈现出绚丽多彩、立体感强、层次清晰的效果。

平金（银）绣主要用于装饰女袍服的袍身，尤其适宜表现袍身上的龙纹，并被绣在孔雀羽铺地的缎料上，耀眼夺目，具有富丽辉煌的装饰效果（如图 2-47）。

思考题

1. 清朝服装装饰在那些部位？分别为哪些形式？
2. 清朝服装都有哪些常用装饰手法？

任务实践

1. 研究清朝服饰款式装饰部位，并挑选其中某一部位进行深入研究。
2. 完成清朝服装装饰部位调研报告一份。

项目三　清朝服饰色彩与图案

【学习重点】

1. 清朝各阶层服饰色彩和图案的特点。
2. 龙纹、凤纹、蟒纹图案各自的造型特点。
3. 文武官员补子纹样。
4. 具有吉祥寓意的清朝服饰图案。

一　清朝帝后皇室服饰色彩图案

帝后的服饰上绣有各种寓意吉祥、色彩艳丽的纹饰图案。如：龙纹、凤纹、蝙蝠纹、富贵牡丹纹、十二章纹、吉祥八宝纹、五彩云纹等，这些图案只为封建社会里的帝王和少数高官所服用，普通百姓不能使用。如：龙、凤纹向来是帝、后的象征，除了帝、后之外任何人不得使用。十二章图案，自它在中国图纹中出现就是最高统治者的专有纹饰，只应用在帝、后的服饰和少数亲王、将相的服饰上，从未在民间出现过。还有专供宫廷所用的丝织纹样有：天子万年、江山万代、大云龙、双凤朝阳、四季丰登、太平富贵、八仙祝寿等。

（一）“十二章”纹

十二章纹是最高权力的象征，彰显了身份地位和荣耀。自乾隆以后，十二章图案只出现在皇帝的朝袍、衮服、龙袍上，并且把每一章的式样、形状、色彩和位置都作了明确的规定：左肩为日，右肩为月，前身上有黼、黻，下有宗彝、藻，后身上有星辰、山、龙、华虫，下有火、粉米（如图 3-1）。到了清朝的晚期，皇帝的龙袍上以及后、妃的朝袍上都装饰有十二章图案，或是其中的五章、六章。

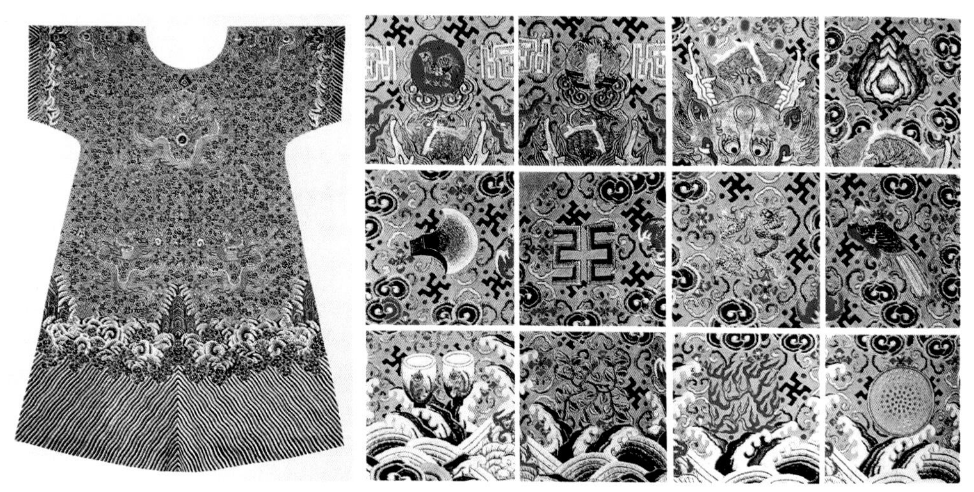

图 3-1　清同治　左：刺绣十二章九龙海水江崖纹龙袍料（部分）右：十二章 上排左起：日纹、月纹、星晨纹、山纹；中排左起：黼纹、黻纹、龙纹、华虫纹；下排左起：宗彝文、藻纹、火纹、粉米纹
奥地利国家博物馆藏

（二）龙纹

龙是尊贵的象征，彰显了皇帝的高贵身份。龙的具体形状，有正龙、行龙、团龙等三种，有的端庄严谨，有的昂扬矫健，有的气势宏大（如图 3-2 ~ 图 3-4）。皇帝吉服也叫龙袍，通身绣九条金龙，四条正龙绣在龙袍前胸、后背和两肩，四条行龙在前后衣襟部位，这样前后望去都是五条龙，寓意九五至尊。在龙纹之间，绣以五彩云纹、蝙蝠纹、十二章纹等吉祥图案（如图 3-5、图 3-6）。五彩云纹是龙袍上不可缺少的装饰图案，既表现祥瑞之兆又起衬托作用。红蝙蝠纹即红蝠，其发音与“洪福”相同，也是龙袍上常用的装饰图案。在龙袍下摆装饰排列着代表深海的曲线，这里被称为水脚。水脚上装饰有波涛翻卷的海浪和挺立的岩石，整体纹样叫做海水江崖纹（如图 3-7、图 3-8）。这寓意福山寿海，同时也隐含了“江山一统”和“万世升平”的寓意。

图 3-2　清　杏黄地彩绣团龙纹

图 3-3　清　行龙龙纹

图 3-4　清道光棕缎地龙袍正龙纹

图 3-5　蝙蝠纹与五彩云纹

图 3-6　寿桃纹、红蝙蝠纹、五彩祥云纹、万字纹

图 3-7　清　明黄地龙袍海水江崖纹

图 3-8　清　石青柿地龙袍海水江崖纹

（三）凤纹

清朝皇后和皇室贵族女性吉服多以凤凰、牡丹及其他花草纹样为主要图案，常饰凤凰朝阳、凤彩牡丹图纹，为皇后、贵妃、贵妇及女将等穿用。凤纹多为细颈长尾，身体呈扭转回望之姿，有时作为主体被加以表现，有时作为纹样与其他纹样组合，共同呈现丰富寓意（如图 3-9、图 3-10）。

图 3-9　彩凤牡丹团纹

图 3-10　清光绪　品月色缂丝凤凰梅花灰鼠皮衬衣

思考题

1. 皇帝龙袍上都有哪些纹样？
2. 凤纹的造型特点是什么？

任务实践

1. 整理皇帝龙纹的图案，尝试绘制龙纹图案。
2. 整理皇后凤纹的图案，尝试绘制凤纹图案。

二维码 3-1　案例分析：凤纹的吉祥寓意

二　清朝皇亲大臣服饰色彩图案

（一）蟒纹

清朝时的蟒袍为王公大臣及各级官员杂役最常穿的礼服，多用石青、蓝色、紫色，周身以金、银线及彩色线刺绣纹样。蟒袍上主要装饰图案为蟒纹，蟒纹与龙纹相似，只少一爪（趾），故而把四爪龙称为“蟒”（如图 3-11、图 3-12），即“五爪为龙，四爪（趾）为蟒”。所以皇帝所穿称为龙袍，普通官吏所穿称为蟒袍。在颜色上，只有皇族可用明黄、金黄及杏黄。普通官吏用蓝色及石青色。

图 3-11　五彩织锦蟒袍

图 3-12　清乾隆　香色地五彩妆花云海水江崖蟒纹

（二）补子

补服是清朝官员穿着的官服，服装前后各有一块用来区别官阶的补子。清朝服饰制度中，各级的官员按照文武品级的不同，装饰在官服上的补子图案纹样也各不相同。补子有圆补和方补的区别，圆补较方补更为尊贵，亲王、世子等皇室成员用圆补，官员用方补。官员补服皆用石青色绸、缎、纱等料制作（如图 3-13）。康熙二十五年刻本《苏州织造局志》记载了该织造局“上用”以及“官用”所需丝绸制品使用的工料，经纬纱用色十分微妙，蓝色系用料便有石青色、元青色、石蓝色、蓝色、纱蓝色、翠蓝色等多种色调，反映了当时

图 3-13　晚清　两江总督朝服　缀一品文官仙鹤方补

清王朝上层阶级对蓝青色系的喜好。至乾隆二十四年（1759）《皇朝礼器图式》编撰完成，明确规定，各级官员补服色用石青色，一直沿用至清末。

除了有彰显其身份地位的补子以外，官服中所用的纹样还有：二则龙光、喜相逢、奎龙图、梅兰竹菊、五福捧寿、喜庆大来、万寿如意、一品当朝、寿纹锦、忠孝友悌、百代流芳、秋春长胜、仙鹤蟠桃等。

1. 官员方补

清朝补服服制是沿袭明朝而来，明朝的官补尺寸较大，制作精良，以素色为多，底子大多为红色，上面用金线盘成各种图案。其文官补子绣有双禽，相伴而飞；而武官补子则绣单兽，或立或蹲。与明朝的补子相比，清朝补子小而简单，文官绣单禽，武官绣猛兽；补子以青、黑、深红等深色为底，制作方法有织锦、刺绣和缂丝三种。明清时期的补子是随着官职而制作，数量受到朝廷的限制，不能大量制作，由此它有着极高的工艺价值和历史价值。清朝官员补子图案如下：一品文官绣鹤；二品绣锦鸡；三品绣孔雀；四品绣雁；五品绣白鹇；六品绣鹭鸶；七品绣鸂鶒（xī chì）八品绣鹌鹑；九品及未入流的绣练雀（如图 3-14 ~ 图 3-22）。武官一品绣麒麟；二品绣狮子；三品绣豹；四品绣虎；五品绣熊；六品绣彪；七同八品绣犀牛；九品绣海马（如图 3-23 ~ 图 3-30）。

（1）文官补服图案

一品：仙鹤

仙鹤美丽超逸，高雅圣洁，而且长寿，可达六七十岁，在古代成为仙风道骨和长寿的象征。在吉祥鸟中，其地位仅次于凤凰而居第二。凤成为皇后的象征，而仙鹤则官居一品。《相鹤经》云："鹤，寿不可量。"《诗经・小雅》云："鹤鸣九皋，声闻于天"，官员补子一品采用仙鹤的图案，取其奏对天子之意。

二品：锦鸡

锦鸡亦称"金鸡""玉鸡""碧鸡"，是吉祥的象征。锦鸡有一呼百应的王者风范。其羽毛色彩艳丽，传说还能驱鬼避邪，古人十分喜爱用来作为服装的装饰，如插在武将的衣背头冠上，绣在帝王的礼服上，也叫做"华虫"，表示威仪和显贵。

三品：孔雀

孔雀不仅羽毛美丽，而且有品性。《增益经》称孔雀有"九德"，其文如下："一颜貌端正，二声音清澈，三行步翔序，四知时而行，五饮食知节，六常念知足，七不分散，八品端正，九知反复。"在古人看来，孔雀是一种大德大贤、具有文明品质的"文禽"，是吉祥、文明、富贵的象征。

四品：云雁

云雁又称雁。雁群飞行时，常排成"一"字或"人"字形，人们把大雁飞行的规律性引申为礼节的次序。如《仪礼・士昏礼》规定："纳采纳吉，请期皆用雁。"《仪礼・士相见

图 3-14　一品文官　仙鹤补子

图 3-15　二品文官　锦鸡补子

图 3-16　三品文官　孔雀补子

礼》规定："下大夫相见以雁。"也指官吏的排班。所以，大雁用于官员补子的象征意义在于：飞行有序，春去秋来，佐天子四时之序。

五品：白鹇

白鹇形体很像野雉，羽毛白色，有细黑纹，面颊赤红，脖子有青毛如丝，尾羽很长。白鹇产于南方，自古以来一直被视为吉祥物。白鹇还是一种忠诚的"义鸟"。传说宋朝少帝赵昺在崖山时，人送白鹇一只，他亲自喂养在舟中。少帝投海殉国后，白鹇在笼中悲鸣奋跃不止，终与鸟笼一同坠入海中。后人称白鹇为"义鸟"。所以，白鹇鸟的形象作为五品官员补子，取其行止娴雅，为官不急不躁，并且吉祥忠诚。

六品：鹭鸶

鹭鸶亦称白鸟，陆机《诗疏》云："鹭，水鸟也，好而洁白，故谓白鸟。"鹭鸶是吉祥之鸟。《魏书·官氏志》："以侍察者官"，取其延颈远望。另，因鹭飞有序，以喻百官班次。如《禽经》："寮寀雍雍，鸿仪鹭序"。《元诗选》："玉笋晓班联鹭序，紫檀春殿对龙颜"。

图 3-17　四品文官　云雁补子

图 3-18　五品文官　白鹇补子

图 3-19　六品文官　鹭鸶补子

七品：鸂鶒

鸂鶒，又名紫鸳鸯，喜成群结队活动。唐温庭筠《开成五年秋以抱疾郊野一百韵》："溟渚藏鸂鶒，幽屏卧鷫鸪。"顾嗣立补注："《临海异物志》：鸂鶒，水鸟，毛有五彩色"最早比喻男性间的亲密情谊，后隐喻夫妻情深。作为七品官员补子，取其官员同事团结，夫妻和睦之意。

八品：鹌鹑

在古代"鹌"和"鹑"本是两种鸟。据《本草纲目》记述："鹌与鹑两物也，形状相似，但无斑者为鹌也。"后经语言演化，将二者合称为一物。鹌鹑之"鹌"是安全之"安"的谐音，因此又具有“事事平安”和“安居乐业”的象征意义。用鹌鹑表示官员的等级，除了上述意义外，据《山海经》云：“其鸟羽司帝之百服”，比喻百官是皇帝的服饰，意思是说百官代表皇帝的形象，体现皇帝的规矩和威仪。

九品：练雀

练雀又称蓝雀，绶带鸟。绶带是古代帝王、百官礼服的佩饰，是用彩色丝绦织成片状的长条。因蓝雀的尾羽与绶带相似，故而有名。绶带的颜色和长度随官员品级的变化而不同，因此各种绶带成为权力和富贵的象征，绶带鸟也因而具有了象征意义。另外，《韵会》云：“谓之性喜”，喻绶带鸟能报喜，而用作官员补子。

图3-20　七品文官　鸂鶒补子

图3-21　八品文官　鹌鹑补子

图3-22　九品文官　练雀补子

（2）武官补服图案

一品：麒麟

麒麟是古代传说中的神兽。《大戴礼》说：“毛虫三百六十，以麟为长。”是龙、凤、麟、龟四灵之一。麒麟出现是“圣王之嘉瑞”。《说文》的解释是：“麒，仁兽也。麋身牛尾，一角。麟，牝麒也。”“麒麟设武备而不为害”。“有足者宜踢，有额者宜顶，有角者宜触，为麟不然，是仁也”。所以，以麒麟为一品武官的官阶形象，既象征皇帝仁厚祥瑞，又象征皇帝“武备而不为害”的王道人君形象。

二品：狮子

狻猊是像狮子的一种神兽，晋代郭璞直接解释为狮子。《尔雅·释兽》曰：“可伏虎豹”。据明代杨慎《升庵外集》第九卷记述：“俗传龙生九子，不成龙，各有所好……八曰金猊，形似狮，好烟火，故立于香炉。”可见，狻猊是龙子之一。既然“可伏虎豹”，当是取其勇猛之意。

三品：豹

《说文》的解释：“豹，似虎圆文。”《山海经·南山经》记述：“南山兽多猛豹。”《诗经·郑

图3-23　一品武官　麒麟补子

图3-24　二品武官　狮子补子

图3-25　三品武官　豹补子

风》言："孔武有力"。武官补子排序，豹在狻猊之下，在虎之上，可见古代豹的神兽地位高于老虎而低于狻猊，亦是取其勇猛。

四品：虎

《说文》曰："山兽之君"，以喻威猛。《宋书·符瑞志》说："白虎，王者不暴虐，则白虎仁，不害物。"所以，老虎为百兽之王，有王者的智慧，具有"仁、智、信"之范。因此人们视之为吉祥的神兽。能守诚信，驱邪气，纳祥瑞。古代天子的兵权象征即为"虎符"。天子和诸侯的大门上要画老虎，故称"虎门"。由于虎威武勇猛，所以古来颇受将帅崇拜。将军的营帐称"虎帐"。勇猛之士称"虎贲""虎夫""虎士"等。清代武科进士榜为"虎榜"。

五品：熊

《说文》的解释："熊兽似豕，山居各蛰。"熊虎丑，其子狗。《尔雅》的解释："又罴如熊，黄白文。"可见，古代记述了两种熊：一是狗熊，一是人熊。据《国语·晋语》记载："黄能入于寝门。""黄能"即"黄熊"，比狗熊体形大而且勇猛。作为武官官阶的形象，正如《诗经·小雅》所说："唯熊唯罴，男子之样"，取其阳刚之意。

六品：彪

《扬子法言》曰："彪静成文，动成德，以其弸中而彪外也。"宋代周密《癸辛杂识》记述："谚云：虎生三子，必有一彪。"彪最犷恶，能食虎子也。可见，彪与仁德智慧的虎不同，是一种凶悍残暴的动物。作为武官官阶形象，是取其对敌凶狠残暴之意。

图3-26　四品武官　虎补子

图3-27　五品武官　熊补子

图3-28　六品武官　彪补子

七品、八品：犀牛

《说文》的解释："犀，南徼外牛，一角在鼻，一角在顶，似豕，从牛，尾声。"犀牛的皮可以做铠甲，但只有水犀牛的皮可以做，故《国语·越语》称"水犀之甲"。其书的注解说："今徼外所送，有山犀、有水犀。水犀之皮有珠甲，山犀则无。"用犀牛做武官官阶的形象，是取其皮可制甲，角可制矛，兵器犀利之意。

九品：海马

此处的海马，并不是大海中头部似马、单条尾巴向后上方卷曲、体长十几厘米的海洋动物，而是和陆地吃草的马模样相同、背上长出两只翅膀的神话中的海兽。它既能在天空飞翔，也能在汹涌的波涛中穿行。海马的身世颇为神秘，没有介绍其详细情况和象征意义的资料，只是在解释补子时极为简单的寥寥数语："水兽，似马，水陆双行，喻水陆皆可攻杀固守。"其文虽短，但意义明确。原来，古代对最下层的军官要求颇高，既能指挥步兵陆

图3-29　七品、八品武官　犀牛补子

图3-30　九品武官　海马补子

战，又可指挥海军水战。有这样骁勇善战的军官，军队的战斗力肯定极强，有了这样的军队，国家的江山就一定会稳固。皇帝就可以高枕无忧了。

2. 贵族圆补

补子有圆补和方补的区别，圆补较方补更为尊贵，是皇室成员专用补子，常用于龙褂、吉服之上，普通官员不能使用（如图3-31、图3-32）。康熙二十六年（1687），题准“凡官民等不得用暗花之四爪龙四团、八团龙缎，及照品级织造暗花补服，又似秋香色之香色、米色亦不得用。大臣官员有上赐五爪龙缎皆令去一爪用。”乾隆二十四年（1759），《皇朝礼器图式》记载补子使用的具体规定：亲王补服，“色用石青，绣五爪金龙四团，前后正龙，两肩行龙。世子同”；郡王补服，“色用石青，绣五爪行龙四团，两肩前后各一”；贝勒补服，“色用石青，前后绣四爪正蟒各一团”；贝子补服，“色用石青，前后绣四爪行蟒各一团。固伦额驸同。”

图3-31　清光绪　石青缎绣四团龙纹龙褂

图3-32　清同治　蝴蝶灵芝牡丹团纹海水江崖纹女吉服袍

3. 命妇补子

补服也可为女子所穿，但需依照服制。《清实录》记载：服色，“公、侯、伯、大小官员父母从子品用，未分居子未出嫁女除顶带补服外，其余服色照父品用，已分居子照本品用，出嫁女照夫品用”。官一品至九品的夫人所着补服随夫品级，唯独武官的母、妻不用兽纹而用鸟纹。外命妇补子的形制为方，内命妇补子为圆形（如图3-33～图3-35）。无品级的夫人用天青色大褂，不用补子，红裙，衣袖口边镶绣可随意，妾只能用粉红色和淡蓝色。

图 3-33　清朝一品夫人缀仙鹤方补像

图 3-34　清　七品鸂鶒补命妇霞帔

图 3-35　清光绪
红色绸地绣八团云鹤纹吉服女袍

思考题

1. 龙纹与蟒纹的异同？
2. 官员补子都是哪些，文武官员补子为何不同？
3. 命妇补子与官员补子的关系？

任务实践

1. 整理蟒纹的图案，并尝试绘制。
2. 整理官员和命妇的补子图案，并尝试绘制。

三 清朝民间服饰色彩图案

清朝民间服饰纹样取材广泛，品种多样，制作精巧，色彩明快，层次丰富，工艺精美，并大量运用吉祥图案。服饰色彩常用红色、蓝色、紫色、白色、淡黄、紫黑等色。白色在满族服饰中是一个重要的颜色，满族传统上有尚白的习俗，以白色为洁净，象征着如意。

早期纹样以花纹雅丽、色调清新为主，即使是宫廷纹样配色，也改明代之浓丽，有意多仿汉、晋、唐、宋各代而加以变化。纹样在继承明代纹样的基础上，更为精致细腻，甚至发展到堆砌雕琢的程度，意蕴以富贵、吉祥、如意的含义居多。早期多用暗蟒、拱璧、汉瓦当纹、富贵不断，江山方代、福、禄、寿、大洋莲、团花、团鹤、万字联、八结、八宝、八吉祥、如意盖、法轮、瓶戟、宝剑、书卷、蝙蝠、如意、暗八仙等。光绪时改团花为六合同春，亦以鹤、鹿、松枝等为团花。后期纹样日趋写实，如寿桃、云鹤、喜鹊、牡丹、佛手、蝴蝶、梅兰竹菊、缠枝花、折枝花、石榴、山水以至亭台楼榭、仕女人物等。

1. 植物

植物纹样的形式多为缠枝花、折枝花、团花、朵花、几何形，在仿汉、唐、宋、明的基础上，纹色开始趋向清秀淡雅，出现了许多杂色的小花薄锦，纹饰秀美，色彩淡雅柔和。图案精巧繁缛，装饰形式向绘画式的写实发展。植物主题纹样有：瓜瓞绵绵、大菊花、花卉草虫、缠枝花、折枝花、团花、朵花、牡丹、佛手、寿桃、梅兰竹菊、石榴、松枝等（如图 3-36、图 3-37）。

2. 动物

动物纹样有团鹤、巧云鹤、云鹤、喜鹊、鹿、蝙蝠、蝴蝶和官员补子图案等，大多与花卉植物和吉祥纹样结合（如图 3-38、图 3-39）。

图 3-36 平安富贵纹样

图 3-37 打籽绣花果纹

图 3-38 打籽绣五彩仙鹿献寿纹样

3. 人物

人物纹样有百子图、五子夺魁、富贵白头、子孙福寿、仕女人物、麒麟送子等具有吉祥寓意的主题（如图 3-40、图 3-41）。

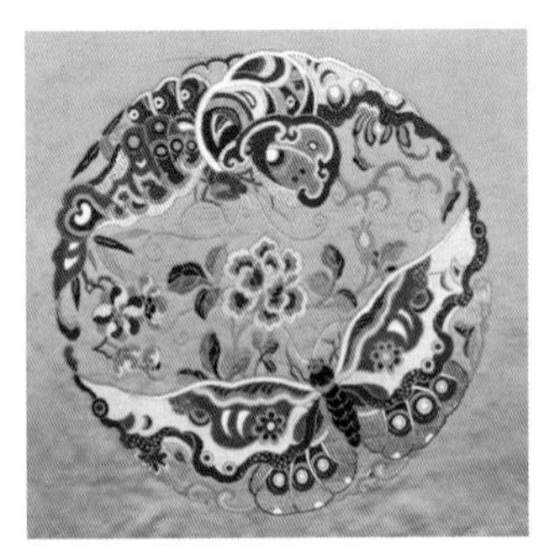

图 3-39 绿地喜相逢八团妆花缎棉袍 团花

图 3-40 平针绣麒麟送子纹腰圆荷包

图 3-41 拉锁绣人物图案

4. 景物

景物纹样包括大山水、大博古图、山水、亭台楼榭等（如图 3-42、图 3-43）。

图 3-42 六式打籽绣山水风景吉祥纹样腰圆荷包

图 3-43 打籽绣山水人物纹钱荷包

5. 吉祥图案

清朝民间常用的吉祥图案有，樵松长春、大八仙、大八吉、金钱博古、万字不断头、四季纯红、顺风得云、五福捧寿、六合同春、海棠金玉、八宝、八吉祥、如意盖等（如图 3-44、图 3-45）。

图 3-44　平针绣五福捧寿纹

图 3-45　紫红地暗花绸贴布绣福寿纹

思考题

1. 民间装饰纹样都有哪些种类？
2. 图案都装饰在哪些服饰品上？

任务实践

1. 整理各式民间装饰图案，并尝试绘制。
2. 根据整理绘制的图案资料，自行设计服饰图案。

二维码 3-2　案例分析：清末女装色彩

项目四　清朝服装配饰及妆容

【学习重点】

1. 清朝满汉女子发式样式及区别。
2. 清朝女子饰品种类、样式及其区别。
3. 清朝佩饰种类及其特点。

一 发式

（一）满族女子发式

1. 软翅头

软翅头是清朝初期后妃基本发式之一。清朝初期清太祖努尔哈赤建立的冠服制度进而健全起来，后妃们除了大典礼时佩戴的朝冠外，还会佩钿子。因此，发辫就无法满足她们了。于是，为了配合朝冠制度，后妃们把本人真发全部梳在头顶上，然后把梳在头顶的头发分成两缕，留下的发缕大约长三至五寸，最后呈八字型垂在脑袋后面，这就是软翅头，而软翅头就是小两把头的原型。

2. 小两把头

小两把头也是清朝初期后妃基本发式之一，它是软翅头的创新。它与软翅头的不同点在于小两把头是把原来垂在脑袋后的头发逐渐变成横卧于头顶。小两把头，其实就是将后妃的真发梳在头顶上，用绳子扎紧，然后将扎紧的发束分为两缕，在头顶的左与右各扎一把，犹如在头上的两个小角。小两把头的形状像如意横卧在头上，所以又叫：如意头、一字头。到了后来，后妃们索性为了平稳的佩戴钿子，把发髻梳成两个横长髻。如此一来即便不戴钿子，这种横长髻也可作为家常打扮。这种束于头顶左右两把的发髻，被称为“小两把头”（如图 4-1）。但是由于这种发式是用本人真发梳成的，所以它并不能承担金、银发饰的重量。

3. 两把头

两把头是清朝中期，也就是康雍乾时期后妃基本发式之一。由于小两把头是真发梳成，不能承担金银发饰的重量，于是后妃们对小两把头进行了改良，设计出了两把头（如图 4-2）。

二维码 4-1　两把头、扁方

图 4-1　绘画作品中的小两把头

图 4-2　两把头

4. 大拉翅

大拉翅是清晚期兴起的满族贵族妇女基本发式之一，蒙古语中意为“雄鹰的翅膀”。大拉翅形似扇面，高大约一尺多，用铁丝或藤条做发圈和发架，外包青缎和青绒布。既可装饰头发，又可自如摘戴，十分方便（如图 4-3、图 4-4）。

二维码 4-2　大拉翅

图 4-3　清朝妇女大拉翅头式

图 4-4　大拉翅头套

5. 团头

团头是满族普通中老年妇女日常所梳的发式，有着上千年的历史，一般的劳动妇女只是把头发结至顶心盘髻。头发多的年老妇人，就梳成一个简单的扁球形圆发髻，头发少的年老妇人，则在头顶拧成螺旋式发髻。而清朝宫廷皇室女子的团头发式则是和钿子搭配在一起的。

（二）汉族女子发式

清朝时期，汉族妇女的发型大多是沿袭明朝时的旧制发型式样，如“牡丹头”“荷花头”“钵盂头”等都是流行的发型式样。以上三种发型的外观造型大同小异，其突出特征是发髻比较高大，两鬓掩颧，发髻效果比较夸张。清朝汉族妇女的发饰也是沿袭旧俗制，只是清朝初期的京城汉族妇女以及普通女子发髻上的发饰装饰物较之前华丽。

1. 高髻

（1）燕尾髻

清代中期开始，汉族的女子逐渐开始模仿宫中满族女子的发型，以“高髻”为时尚。梳发时将头发挽至顶部分成两把，在头顶盘成扁平形发髻，插上扁方、玉簪，将头后的余发梳成燕尾状，垂在脑后，又称燕尾式、叉子头。

（2）牡丹头

“牡丹头”流行于苏州，亦称“牡丹髻”，属于高髻的一种，因为此发髻的造型犹如盛开的牡丹而得名。梳挽时将头发梳至头顶，用发箍或丝带系在发根部，而后把头发分很多股层次，分别卷在头顶正中，用发簪别出发髻。此发髻约 20 厘米，鬓蓬松而髻光润，髻后施双绺发尾（如图 4-5）。

（3）荷花头

“荷花头”也称“荷花髻”，是女子的一种高髻。其头发梳挽方法与牡丹头发髻相似，但是其发髻造型盘制与盛开的荷花相似而得名。

（4）钵盂头

“钵盂头”属于一种高而体积又大的发髻，因其外形与钵盂相似而得名。

2. 燕尾长髻

到清朝中后期，女子高髻渐渐过时，汉族女子发髻的高度也逐渐低了很多，且逐渐向低矮发展，脑后的燕尾髻也越拖越长，最后被长髻和平髻所取代（如图 4-6、图 4-7）。

图 4-5　绘画作品中梳高髻女子

图 4-6　清中后期汉族女子平髻 1

图 4-7　清中后期汉族女子平髻 2

3. 苏州髻

清中晚期比较盛行的“苏州髻”，其典型特征就是拖在脑后而垂的高撅长髻，又称“苏州撅”“苏罢髻”（如图 4–8、图 4–9）。《清稗类钞·服饰类》记载“妇女之妆饰，以苏州为尚，犹欧洲各国巴黎也。又咸丰时，东南盛为拖后髻，曰苏州罢，盖服妖也。”

4. 平三套

清中晚期流行一种比苏州髻拖得更长的发型，称之为“平三套”，造型与苏州髻相似，但是比苏州髻拖得更长，此发型多是中年女子居多（如图 4–10）。

图 4–8　清中后期汉族女子苏州髻

图 4–9　当代设计苏州髻

图 4–10　清中后期汉族女子平三套

5.“喜鹊尾”式发髻

清晚期高大的发髻逐渐就衰微了，头顶的高发髻逐渐转变为脑后的平髻，并且越来拖长，进而到后来发展为一种“喜鹊尾”式发髻，其特征是发髻在脑后拖得更长了，其梳挽头发的方式与苏州髻相似，只是发尾挽髻较之垂长（如图 4–11）。

6. 偏髻

偏髻是清中晚期年轻女子较流行的一种发式，把所有头发偏向一侧盘成发髻，形成不对称的美感，显示出年轻女子的活泼可爱（如图 4–12）。

图 4–11　清中后期汉族女子“喜鹊尾”

图 4–12　女子偏髻发式

（三）男子发式

清朝男子发式分为三个时期，清朝早期、清朝中期和清朝末期。随着时间变化，统治阶层对发式要求的不同，男子发式有所不同（如图 4–13）。

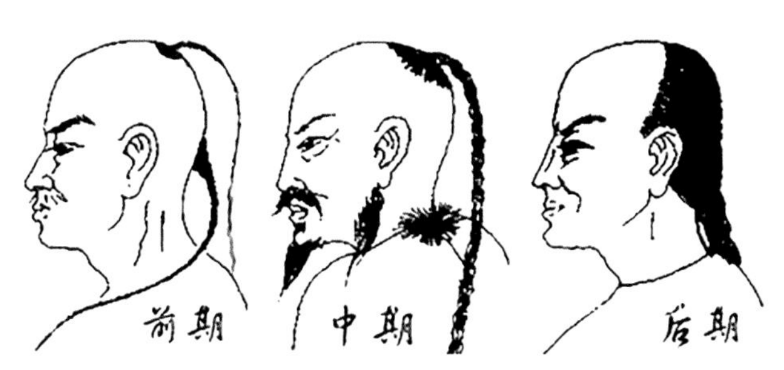

图 4-13　清朝男子发式三个时期

清朝早期男子发式为在后脑勺上留出一小绺并梳成小辫子，然后剃去周围的头发，在头顶留下铜钱形状大小，让辫子下垂而梳，这就是俗称的“金钱鼠尾”发式。直到乾隆年间，男子的发式还是“金钱鼠尾”。所结辫子比小手指略粗不多，同入关前数量略有增加，部位明显转变。

嘉庆四年，男子发式又发生很大变化。男子将前部顶发四周边缘剃去寸余，而中间保留长发，顶留发的面积大约有四五个金钱的大小，面积与一个手掌心差不多。分三绺编成辫一条垂在脑后，名为辫子或称发辫。“蛇尾式”取代了原来的“金钱鼠尾”式并开始盛行（如图 4-14）。

清末时期，男子的发式再次出现了变化，在剃发时要从额角两端引出一根直线，以直线为分割线，将线以上的头发全部剃掉，然后形成“半瓢”型发式。我们在有关清朝时期的影视剧中就能够看到这种发式，即为阴阳头或“牛尾式”。但它只能代表清朝末年，最多也仅能代表嘉庆以后，不足百年时间（如图 4-15）。

图 4-14　清中期男子发式

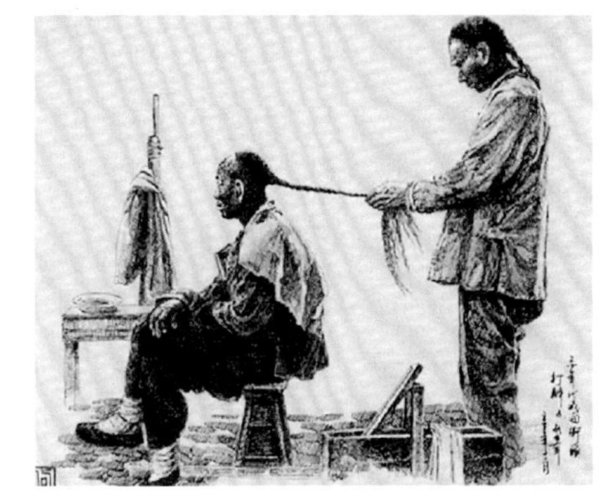

图 4-15　清末男子发式

思考题

1. 清朝满汉女子发式的变迁及融合。
2. 清朝男子发式的变迁及形式。

任务实践

1. 挑选一种发式，搜集整理相关图片资料。
2. 按照搜集发式特点绘制效果图。

二 饰品

满清时期不仅重视穿在身上的衣服的装饰，更是讲究配饰的装饰性。女性头上不仅有各种簪、钗、步摇、头花等品种繁多的头饰，还有挂在脖子上的各种项链、围巾，以及手上的手镯、戒指、护指等。

（一）头饰

1. 簪

簪作为中国古代女性重要的头饰，分为两种类型，一种是实用簪，多用于固定发髻和头型。另一类为装饰簪，多选用质地珍贵的材料做成精美的图案，专用于发髻梳理后配戴在明显的位置上。簪根据造型和功能可分为簪挺和簪首。清朝满族女性簪的种类、造型、工艺、装饰纹样发展到了空前规模，簪子在发挥其使用功能的同时也发挥着其不可忽视的审美装饰功能。清代满族宫廷女子的头饰多用金翠珠宝为质地，制作工艺十分讲究。比较名贵的材料有：金、银、珠玉、翡翠、玛瑙、珊瑚、东珠、水晶或象牙等，而一般材料有：镀金、银、铜、宝石翡翠、珊瑚象牙等（如图 4-16、图 4-17、图 4-18）。

图 4-16　清　金簪

图 4-17　清　鎏金点翠簪

图 4-18　点翠凤簪

2. 头花

头花是簪发展而来的首饰，由头花和针挺两部分组成（如图 4-19）。由于清朝宫廷皇室女子发式是由软翅头发展到两把头，之后又发展到大拉翅。发式越来越宽大，于是这种覆盖面积较大的头花应运而生。头花大多由珍珠、宝石为原料，因此需要一个稳定的依托，即在簪子的基础上做了某些相应的改动，如在针挺的顶端焊有一个十字形横托（如图 4-20）。清朝宫廷皇室女子在梳发式时，会把大朵头花戴在两把头正中央，称为头正。也会选用两朵颜色和造型相同的头花分别插在两把头的两端，俗称压发花，又称压鬓花。

图 4-19　点翠头花

图 4-20　珠玉宝石头花（正、反面）

除了用大朵的花进行装饰外，还用许多小绒花点缀。清朝宫廷皇室女子最为偏爱的是小绒花，只要条件允许，满族妇人头上一年四季都头戴绒花，借绒花与荣华的近音，求荣华富贵之美意。如：立春日戴春播，清明日戴柳枝，端阳日戴艾草，中秋日戴桂花，重阳日戴茱萸，立冬日戴葫芦阳生。

3. 扁方

扁方是满族妇女梳“两把头”最主要的工具，起到固定发髻兼具装饰的作用。晚清宫廷梳“大拉翅”所用的扁方有的长达一尺二寸。制作扁方的材料有玉、翡翠、玳瑁，还有的为金胎镶玉、镶翠或镶嵌其他珠宝，或金凿花、银镀金等（如图4-21）。清代初期，累丝较多，但清朝中后期则以镂空、镶嵌、点翠、烧蓝等为主。还有翡翠扁方，或者在翡翠上镶嵌金银、碧空寿字、团花、蝙蝠等吉祥图案（如图4-22）。

图4-21　清代满族女子金扁方

图4-22　白玉嵌珠翠碧玺扁方

4. 钗

钗也是清朝满族女性头饰中不可或缺的组成部分。簪与钗都是女子盘发髻所必须的首饰。钗有双挺或者三挺的，较之簪对于发髻的固定更为稳定一些（如图4-23）。钗大多分为两类：一类是钗头上装饰华丽繁复，另一类是没有装饰的光素钗头。钗以金属材质居多，满族皇室多以金银、玉翠、珠宝、玻璃、宝石等材质制作。制造工艺上有镀金、累丝、锤炼、镶嵌、镂空、点翠、烧蓝等。装饰纹样多以动物、植物及花卉为主，最为常见的是凤头钗。装饰题材以吉祥寓意为主，如福寿连绵、喜鹊登梅、五蝠捧寿、万年吉庆、双喜等。

5. 步摇

步摇是中国古代的一种重要饰物，文献中最早出现的步摇是在战国时期。步摇，也称流苏，因其行步则动摇，故名。由于步摇材质多为黄金，所以后世称之为“金步摇”，清代步摇可以说是汉代步摇的继承与发展。

步摇是满族妇女十分喜爱的首饰，其形制与质地都是等级与身份的象征。清代满族其一般形制为蝴蝶、凤凰或带有翅膀类的，有些造型近似簪头，但在簪头的顶端垂下几排珠穗，随人行动，摇曳不停（如图4-24～图4-26）。清代步摇大多采用了明代焊接制作新工艺方法。

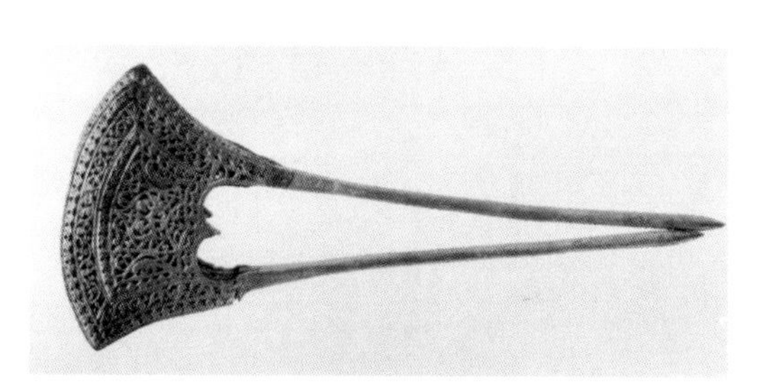

图4-23　扇形镂空金钗

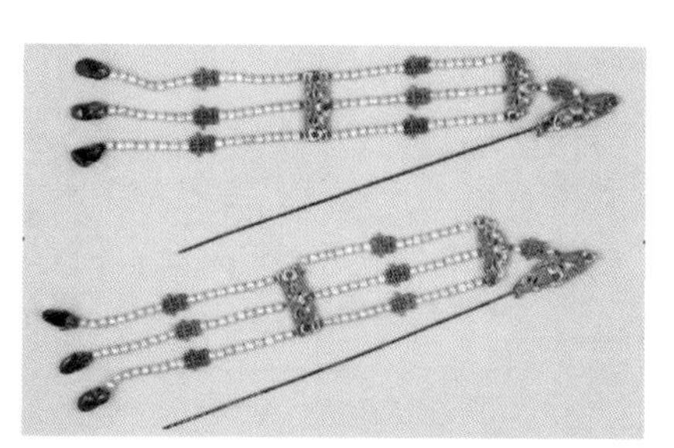

图4-24　清　银镀金点翠串珠流苏步摇

图 4-25　清 镀金点翠鸟架步摇

图 4-26　珊瑚珠玉步摇

6. 遮眉勒

遮眉勒又称“勒子”“包头”“脑包”等，是清代妇女戴在额头眉毛之间一条中间宽两头窄的长条带子（如图 4-27、图 4-28）。它本是汉族妇女在寒冷时候的御寒物品，后来被贵妇作为装饰品佩带，以纱、罗、绸、缎或貂皮等制成，上绣各种吉祥图案，并镶嵌珠宝作点缀。

图 4-27　清　蝴蝶花纹刺绣遮眉勒

图 4-28　头戴遮眉勒的清朝女子

二维码 4-3　一耳三钳变化造型

（二）耳饰

1. 一耳三钳

清朝满族贵族女子佩戴耳饰以“一耳三钳”为制，即双耳各戴三件耳饰（如图 4-29）。我们可以从清朝历代皇后嫔妃像中看到佩戴“一耳三钳”的形象（如图 4-30）。

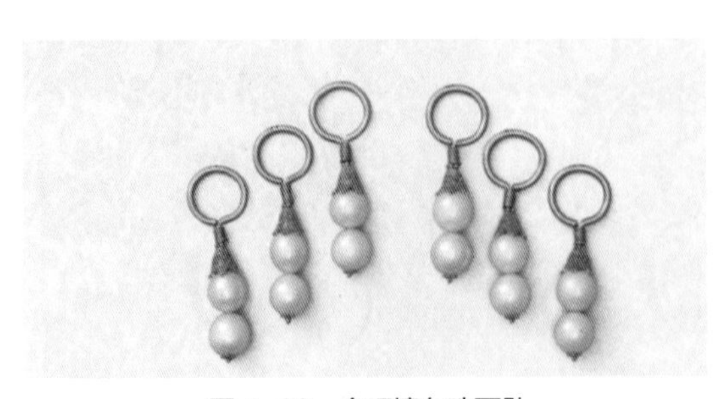

图 4-29　金环镶东珠耳坠

图 4-30　戴一耳三钳耳饰的清朝女子

2. 环形耳钳

清朝女子喜欢佩戴环形耳钳，因其不似前朝耳坠约束行动、束缚女性，更加便于佩戴，还兼具美感装饰性。环形耳钳主体呈圆环形，在环面上做各种装饰，或雕花，或点翠，或镂空，或镶嵌珠宝，成连缀流苏，呈现出一种崭新的别样韵致（如图 4–31 ~ 图 4–33）。

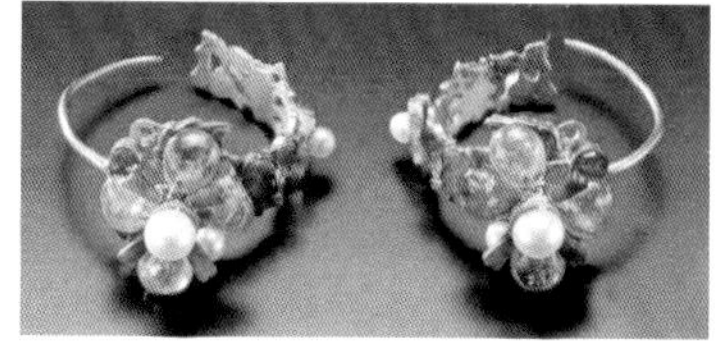

图 4–31　环形坠花耳环

图 4–32　清金累丝连环耳环

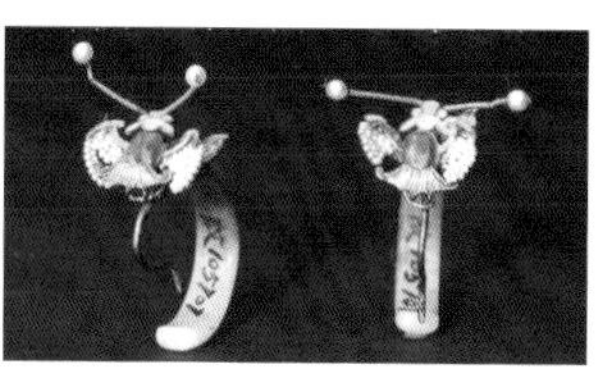

图 4–33　翠嵌珠宝蜂纹耳环

3. 缀流苏环形耳钳

清朝中后期饰品形式日渐繁复、华丽，经常添加流苏与坠饰让耳饰更为奢华。于是，这种流苏款式耳钳成为了清朝独特的样式（如图 4–34、图 4–35）。

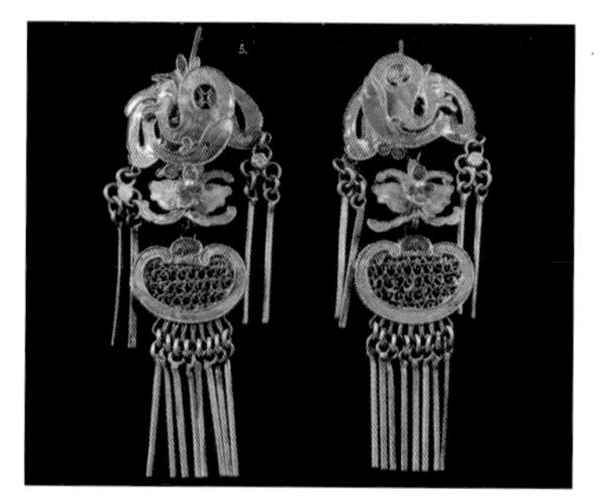

图 4–34　清代中晚期银鎏金点翠如意流苏耳钳

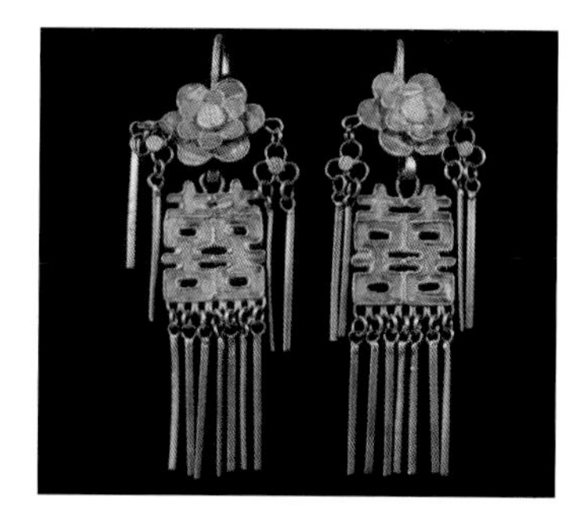

图 4–35　清代中晚期银鎏金点翠双喜耳钳

二维码 4-4　流苏耳钳

4. 坠环耳钳

坠环耳钳上部为环形耳钳，可以是素净也可装饰珠宝，其下坠有一圆环，也偶见连环套多环耳钳（如图 4–36、图 4–37）。环体大小不一，以玉质或翡翠居多。

5. 珠排环

清朝珠排环沿袭了明朝耳饰款式（如图 4–38、图 4–39），为七颗左右珍珠串成一串，用金针穿于耳垂，材质多为珍珠、金镶翡翠等。它是清朝满汉女子都喜爱佩戴的耳饰款式。

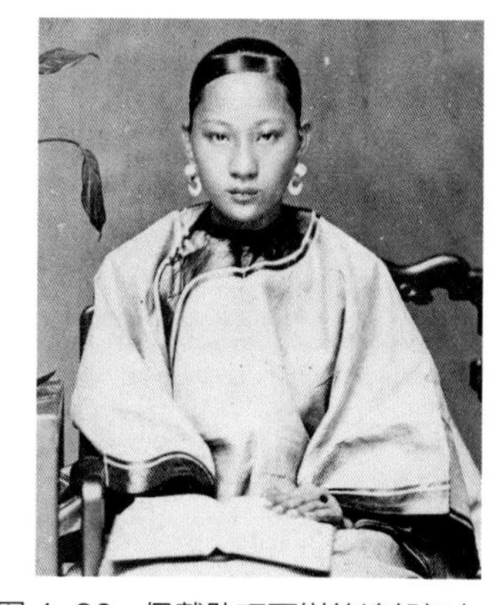

图 4–36　佩戴坠环耳钳的清朝妇女

图 4–37　环坠玉环耳钳

图 4–38　佩戴耳坠的清朝女子

6. 葫芦耳环

清朝的葫芦耳环也是从明朝沿袭而来，其中一耳三钳的款式也是继承了明朝葫芦耳饰款演变而来。

7. 灯笼形耳饰

清朝汉族女子多佩戴灯笼形耳饰，其款式较明朝更为简约，且造型各异，小巧玲珑。

8. 垂珠耳饰

垂珠耳饰在清朝十分流行，深受清朝女子的喜爱。此种款式造型简约，上部为素面金环或者加装饰，其下缀珍珠、翡翠等珠饰。清后期出现一种垂珠耳饰，其主体为大耳环，下缀一到两颗小珍珠做点缀的款式，是环形耳钳与垂珠款的结合（如图 4-40）。

图 4-39　金镶珠翠耳坠

图 4-40　福字翠玉垂珠耳饰

（三）手饰

古代女性的手部装饰繁多，手镯、手串、戒指、指甲套都是修饰衬托纤纤美手的精致饰品。

二维码 4-5　手镯

1. 手镯

手镯有圆条镯、扁口镯、软镯等。扁口镯内缘平直无圆骨弧度；圆条镯造型圆润古朴、韵味优雅；软镯则胜在随行贴手。手镯有的装有开口设计，在佩带时可以开闭，或者带活纽伸缩自如，还有中空设计，其中装有小珠，行动时叮当作响，以及在镯子内部填香料散发香味的设计（如图 4-41、图 4-42）。

二维码 4-6　碧玺手串

2. 手串

手串源自念珠也称十八子，它和朝珠都是清代服饰中的配件，朝珠因为是礼制首饰而庄重、等级分明，手串则可以看作朝珠的缩略版，佩戴更为活泼随意。手串除了当作腕饰，也可以在上端做出一个提系挂在胸前作为配饰（如图 4-43）。

图 4-41　珊瑚寿字手镯

图 4-42　伽南香木嵌金珠寿字手镯

图 4-43　琥珀手串

3. 戒指

戒指又称手记、约指、指环等。清朝中期，满族男女都喜欢佩戴戒指。有最普通的光面戒指，还有扁圈式、圆筒式、面部即指盖部凸起的样式等。上面有的雕刻表吉祥的文字，如“福寿绵长”或单个的“福”字、“寿”字等，也有花卉等纹饰。制作戒指的材料有翡翠、金镶嵌宝珠或玉石。普通百姓则以金银制作。清代宫廷中遗存的戒指，一类古朴典雅，沉实厚重；一类纤细精巧，灵秀生动。晚清时，受西方影响，也出现了一些极具现代感的款式（如图 4-44、图 4-45）。

图 4-44　镶珍珠金戒指

图 4-45　清　开金镂空古钱纹戒指

二维码 4-7　戒指

男子大拇指上带的戒指称扳指，是满族人拉弓射箭时套在右手拇指上的保护用具，后逐渐演变为装饰、炫耀地位之物。扳指的质地有铜、铁、金、银、水晶、玛瑙、玉、翠等。普通旗人佩戴的扳指，以白玉磨制为最多，贵族扳指以翡翠为上选。扳指的大小厚薄分成不同品质，又有文武之分，武扳指多素面，文扳指多在外壁精铸诗句或花纹（如图 4-46、图 4-47）。

图 4-46　男子玉扳指

图 4-47　碧玉刻诗扳指

4. 指甲套

指甲套是手饰中最具清朝特色的一种，《清稗类钞·服饰类》中有“金指甲，妇女施之于指以为饰，欲其指之纤若春葱也。自大指外皆有之。有用银者，古时弹筝所用之银甲也”。清朝满族贵族女子喜爱留长指甲以显示自己的高贵，用制作精美的指甲套来保护指甲。指甲套短的五六厘米，长的能到十四厘米，常见镂空纹饰，用金银饰以宝石，取其轻便透气、华丽美观（如图 4-48、图 4-49）。

图 4-48　花丝镶嵌珠宝指甲套

图 4-49　花丝点翠镶嵌珠宝指甲套

二维码 4-8　指甲套

（四）佩饰

1. 荷包

由于中国古代的服装包括满族服饰都没有兜，所以需要荷包盛放随身物品。于是荷包在当时是男女老少皆佩戴的兼具实用意义和装饰趣味的配饰。荷包形状丰富，荷包常见有方袋带盖形、底边圆角方袋形、扁圆形、葫芦形及装烟丝用的扁圆抽口形和长袋形烟荷包（如图 4-50 ～图 4-52）。荷包上通常绣有各种图案，以刺绣各种花卉图案和吉祥纹样为主。

图 4-50　三蓝打籽绣花开富贵钱荷包

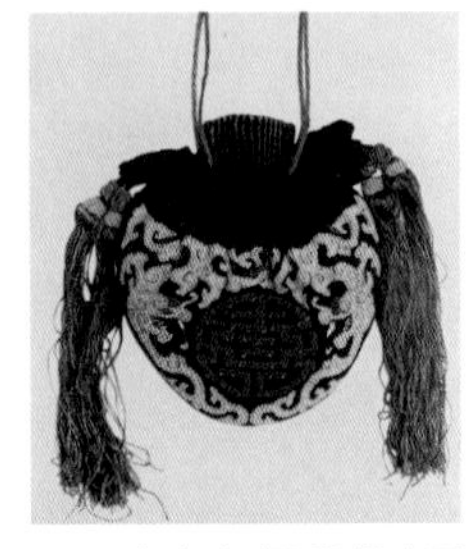

图 4-51　打籽绣缀珊瑚珠香荷包

图 4-52　平针绣戏曲故事腰圆荷包

2. 香囊

香囊又名花囊，仿效汉人的荷包而来，内装香料、香花等芳香材料，系于女子袍服腋下的纽扣。香囊的形式种类很多，有圆形、方形、葫芦形、鸡心形等，形状小巧精致美观（如图 4-53、图 4-54）。材质有金玉织绣透气材质，也有镂空的小扁盒，利于香料味道的散发，顶端有便于悬挂的丝绦，下端系有各式绳结或彩绦及流苏等。香囊不仅是宫廷贵族随身佩戴的饰品，平民百姓也都趋之若鹜。其价值虽不昂贵，但凝结了形式美与吉祥寓意，是当时社会审美情趣与生活理念的一种反映，流行于满蒙汉藏以及边远少数民族地区。

二维码 4-9　香囊、香袋

3. 香袋

香袋和香囊虽同为贮放香料所用，但形状有别。香袋由一底一盖串于丝带上，盖可拉开以存取香料。香袋内装香球、香饼子、香面面，悬挂于卧房床帐内或衣襟纽扣上（如图 4-55）。香囊是将香料缝合于囊中，不分盖、底。

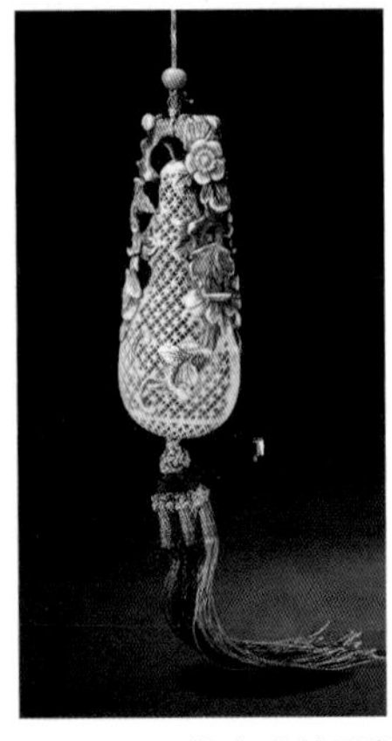

图 4-53　镂空雕刻香囊

图 4-54　打籽绣花篮形香囊

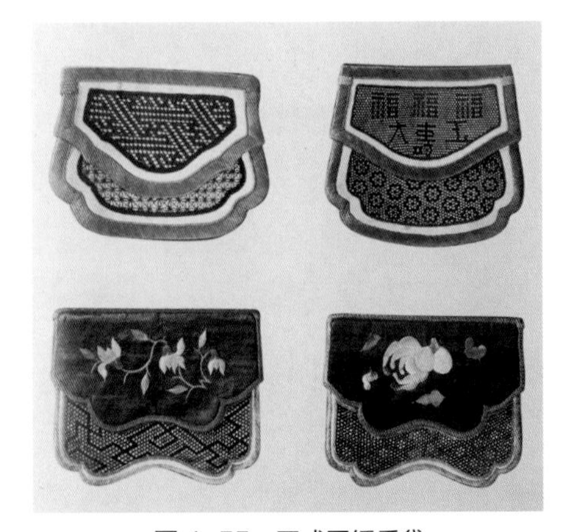

图 4-55　四式网绣香袋

4. 褡裢

二维码 4-10　褡裢

褡裢是长方形中间开口、在开口处对叠，可系于腰带上贮放钱票等用的物件。褡裢表面刺绣精美的具有美好寓意的图案，有些褡裢上还镶有镜子（如图 4-56）。

5. 扇子

清朝的扇子种类有折扇、团扇和平扇。折扇的扇面可以自如展开和闭合，扇面多作装饰（如图 4-57）。团扇的扇面用丝绢，扇骨为竹木，扇面上常见书画或刺绣装饰（如图 4-58）。羽扇、蒲扇都属于平扇（如图 4-59）。

图 4-56　挖补绣四合如意褡裢

图 4-57　清　折扇

图 4-58　清　刺绣吉祥纹团扇
现藏于美国波士顿博物馆

6. 扇套

清朝时人们常把扇套等挂在腰带上，于是扇套上也绣上了各式装饰纹样以示吉祥（如图 4-60、图 4-61）。《清稗类钞·佩饰类》记载“某尚书丰仪绝美，妆饰亦趋时，每出，一腰带必缀以槟榔荷包、镜、扇、四喜、平金诸袋。”

图 4-59　清　中国出口西方国家的羽扇

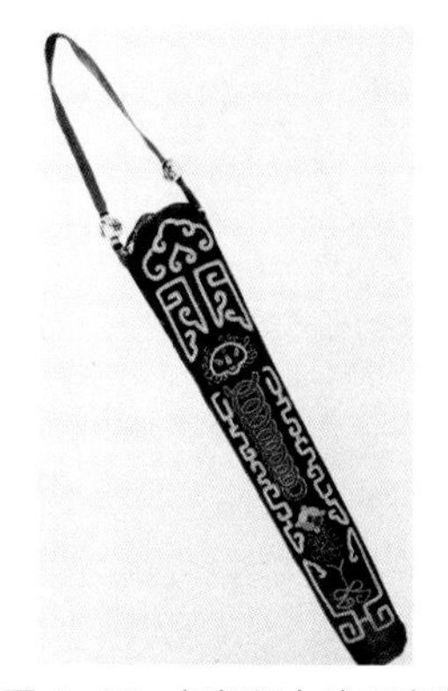

图 4-60　打籽绣九连环扇套

图 4-61　拉锁绣福寿纹扇套

7. 佩

佩本是古代女子系于腰间、垂在裙上的饰品，用以约束步幅，使姿态婀娜。由于满族女性穿袍服，佩的佩戴位置从裙子的腰间移到袍服的纽扣处，为了方便悬挂不至于影响人的动作，佩的体量也变得精巧（如图 4-62 ~ 图 4-64）。

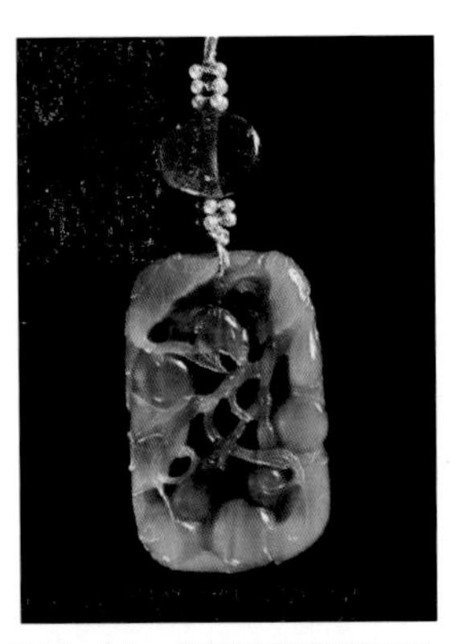

图 4-62　方形镂空翡翠玉佩

图 4-63　翡翠玉佩

图 4-64　清　琥珀猴桃纹佩

8. 眼镜盒

清朝后期，随着西方舶来品进入了人们的视野，眼镜也成为清朝权贵阶层的日常用品。为了美观和使用方便，也为眼镜配置了做工精美的眼镜盒（如图 4-65、图 4-66）。

图 4-65　花纹贴布绣眼镜盒（左一、二），平针绣文字纹眼镜盒（右一）

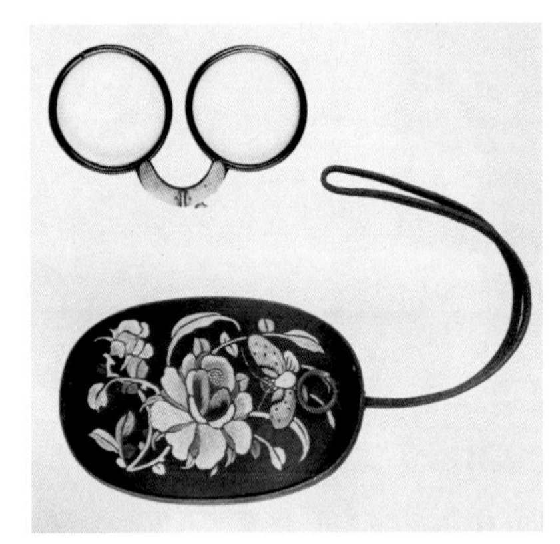

图 4-66　平针绣牡丹纹眼镜盒

9. 鼻烟壶

鼻烟在康熙、乾隆年间风行一时。鼻烟壶用材十分广泛，有瓷、玉、水晶、金漆、雕漆、景泰蓝、象牙、竹木雕刻、金属工艺、书画等（如图 4-67、图 4-68）。

图 4-67　清　童子平安青花瓷鼻烟壶

图 4-68　清　铜鎏金带挂链鼻烟壶

思考题

1. 清朝头饰的种类及区别，如钗与簪的区别。
2. 清朝佩饰的种类及区别，如荷包、香囊、香袋、褡裢等的区别。
3. 清朝饰品与明朝饰品的变迁与异同。

任务实践

1. 挑选一种饰品，搜集整理相关图片资料，尝试分析款式规律和特点。
2. 按照清朝配饰特点设计并绘制饰品效果图。

二维码 4-11　案例分析：点翠工艺饰品

三 妆容

清朝时期崇尚秀美、清丽的形象。清朝女子的眉式也像明朝女子一样纤细而弯曲，从清朝帝后图像及各种仕女图中所看到的，都是面庞秀美、弯曲细眉、细眼、薄小嘴唇的形象（如图 4−69、图 4−70）。

图 4−69　清朝满族女性妆容及整体搭配

图 4−70　清朝画中女子妆容

（一）胭脂

满族女子在出嫁的时候都要进行“开脸”，也称“绞面”，是用手捻动细线将脸部细小的汗毛绞掉，绞掉之后的面部显出光亮洁白，额边发际整齐。匀面，也就是粉底，也是妆容非常重要的一步。早在明代，匀面时便调和蜜糖和花露来傅粉。明人《奁史》引述自《佩环余韵》中记载“匀粉，用蜜则近粘，且有光，不若蔷薇露或荷花露，略以蜜汁少许搅之”。清朝“鸭蛋粉”，芳香细腻，但干粉匀面不易附着，影响美观。妆分红白，胭脂之于红妆，

图 4-71　清朝汉族女性妆容

不可或缺。以胭脂作“飞霞”妆、为颊边“斜红”，唐人诗、画里亦已常见。

（二）眉妆

清代女性的眉装，眉头高眉尾低，眉型修长纤细，作低眉顺眼楚楚娇羞状（如图 4-71）。清代仕女多以曲致细长的淡眉为美，眉型亦差可称丰富。弯眉、长眉、柳叶眉、却月眉以及略呈八字形的弯眉是最常见的眉式。至清中后期至民国，两眉间距渐拉宽，给人一种开朗的印象（如图 4-72）。

（三）唇妆

清代妇女往往用胭脂将上唇涂满，或者略有削减。下唇则仅仅点染中部如樱桃一颗。另外，还有在上下唇中间点染小红点。到了清末，社会风气崇尚林黛玉一般的“病美人”，这种“樱桃小口”的唇式在当时风靡一时，甚至宫廷嫔妃都作这样的妆扮（如图 4-73、图 4-74）。

图 4-72　清代满族妇女妆容

图 4-73　清代满族妇女唇装

图 4-74　清代汉族妇女妆容及整体搭配

思考题

1. 满族女子妆容的特点。
2. 满族女子唇妆的特点。

任务实践

1. 收集整理清朝女子妆容资料，并尝试发现其规律和特点。
2. 尝试设计并绘制清朝女子妆容效果图。

模块二

中国清朝服饰的现代应用案例及思维开拓

项目一 清朝服饰风格时装案例赏析

中国传统服饰拥有悠久的历史，蕴藏着中华文化与艺术的精粹，尤其清朝是最为精致、奢华的时期。时至今日，清朝服饰仍然影响着当代时装的发展和流行走向，甚至著名的国际时装品牌和设计大师都纷纷效仿清朝服装，让中国风吹到了国际舞台。因此，学习传统服装风格的时装设计就显得尤为重要。

此项目通过介绍国内外优秀的设计师设计案例，分析他们如何借鉴清朝服饰和运用清朝服饰元素进行设计，从中学习服装设计大师运用清朝服装的设计点进行设计的方法，并且在后续的项目中进行设计的实际操作练习。

案例一 郭培·玫瑰坊 2016 春夏高定

郭培 2016 年这一系列风格相较之前更为适穿、成衣化。款式 1 的这款姜黄色女性套装看似简单，但是饱含浓郁的中式风格（如图 1–1）。上衣是一款对襟外套，下摆的刺绣装饰沿中心线对称展开，门襟用隐形纽扣固定，仍保持着中式对襟褂的型制。下半身的半裙是模仿马面裙的造型，但运用的是现代半裙款式的版型和制版工艺，只保留“马面”绣片垂荡在裙摆正中。刺绣部分均采用与服色相同的绣线，使刺绣保持适度的装饰意味，不显得过分修饰，又显得细腻精致。设计师别出心裁把传统马面裙的流苏装饰放在了腰间，维持了现代裙装套装的廓形，又适度出现中式元素，让款式高贵典雅、知性大方。

图 1–1 郭培·玫瑰坊 2016 春夏高定 款式 1

这款裙装在廓形上沿用了西方收腰小礼服的造型，腰身用类似紧身胸衣的造型，其上用同色丝线刺绣装饰纹样。真丝欧干纱从抹胸部分伸展做出像花朵一般的造型，自然覆盖住胸前、肩膀和胳膊。同样的面料做出裙摆，用同色小流苏装点在腰间。款式整体中西合璧，中式元素只做小幅点缀，凸显东方女性的温婉柔美（如图 1–2）。

图 1-2　郭培 · 玫瑰坊　2016 春夏高定　款式 2

这款连衣裙以 H 型做为廓形，裙子正中做假门襟，用纽扣做装饰点缀。“门襟”两侧用同服色丝线刺绣对称装饰图案，其下用流苏装点，造型类似清朝命妇霞帔。袖口也用短流苏绕袖口一圈作装饰。整体款式简洁干练，细节处精致细腻（如图 1-3）。

郭培喜欢用华丽细腻的刺绣装点服装。这款服装的设计重点在于“肚兜”造型的上装，整件肚兜用刺绣填满，刺绣纹样精致、做工考究，再用细细的绳带围绕颈部固定。白色的阔腿裤素雅飘逸，与精致的“肚兜”相得益彰，显出东方式含蓄、内敛的性感（如图 1-4）。

图 1-3　郭培 · 玫瑰坊　2016 春夏高定　款式 3

图 1-4　郭培 · 玫瑰坊　2016 春夏高定　款式 4

案例二　茧迹·清晓集系列

茧迹品牌一直致力于对中式服饰的传承与创新改良，既有传统婚服系列彰显浓郁传统服饰风貌，还有融合传统服饰元素的各式现代礼服，有对传统的继承也有对现代审美的发扬，彰显出设计师既有传承又有创新的无拘无束的自主设计精神。

清晓集系列•凤霁（如图1-5、图1-6）款式借鉴了清朝女装和饰品中常见的流苏装饰，蓝色珠钻串成的流苏点缀在袖口和袖口包边延长线致胸前装饰衣片为止。胸前的装饰衣片形似团扇，又像肚兜，凸显了女性的妩媚、性感。凤戏牡丹的纹样也是清朝女服常用的寓意富贵吉祥的装饰纹样，装点于胸前、领口、肩膀等处也是清朝服饰惯用的刺绣图案位置。

图1-5　清晓集系列·凤霁

图1-6　清晓集系列·凤霁（局部）

清晓集系列·凤澜（如图1-7、图1-8）款式整体保留了旗袍款式的廓形和基本结构，在领口和袖口使用异色镶滚工艺强化款式结构。设计亮点在于把清朝袍服常用的大襟结构

图1-7　清晓集系列·凤澜

图1-8　清晓集系列·凤澜（局部）

线创造性地改变成S形曲线，并且用镶滚工艺突出其线条和服装结构。沿着曲线周围用凤凰牡丹刺绣作装饰，长长的凤尾沿旗袍开衩垂荡于下摆，显出女性的高贵大方、温婉秀丽。

清晓集系列·凤缥（如图1–9、图1–10）款式廓形类似清朝女袍服，袖形使用喇叭袖。正中开气的裙子用同服色包扣连接，既起到装饰作用，又具有明显的功能性。设计重点在两袖之上用传统凤凰纹样装饰的凤凰。凤头朝上意欲展翅高飞，凤尾飘荡延绵至肩膀胸前，周身祥云围绕。袖口处装饰有海水纹，是清朝皇室和官员正装常用的装饰纹样。

图1–9　清晓集系列·凤缥

图1–10　清晓集系列·凤缥（局部）

清晓集系列·花影（如图1–11、图1–12）款式廓形依照清朝女袍服进行设计，在肩部和大身处作花朵刺绣装饰，用色与服色调和，显得柔和典雅，极具女性魅力。面料外罩半透明薄纱，随着穿着者走动，裙摆随之摆动轻摇，使这款夏裙兼具古典审美意味与轻薄透气的舒适性。似空谷幽兰，又似林间精灵。

图1–11　清晓集系列·花影

图1–12　清晓集系列·花影（局部）

案例三　盖娅传说2019画壁系列

盖娅传说 2019 画壁系列广泛应用了清朝服装的款式结构、细节装饰元素等，与现代服装面料、裁剪、工艺相结合，既符合现代人的穿着习惯，又具有古典审美趣味。

画壁系列款式 35（如图 1–13）借鉴了清朝袍服四开裾的款式特点，长外套的下摆前后左右开裾，内搭的长裙缓缓飘逸而出。版型结构参考了清朝服装结构，直身阔袖不设袖窿线，肩膀到袖子的线条自然过渡。整体造型兼具清朝服装的高雅气派和女性的温婉典雅。

画壁系列款式 7（如图 1–14）造型以及下摆廓形具有明显的清朝女袍端庄大气的感觉，袖口的设计借鉴了马蹄袖的结构特点，体现出干练、潇洒的风姿。立领的设计延续并发扬了清朝袍服领型的结构。与服色相同的盘扣设计既传承了传统盘扣的技艺形式，还兼具现代时尚品味，中西合璧的图案设计让人眼前一亮。手拿包的设计也是一个亮点，仿盘花扣工艺的包身，做工精致、图案别致，垂荡而下的流苏让整体造型更加富有层次，清朝服饰中常用的装饰元素在这里展现得淋漓尽致。

图 1–13　盖娅传说 2019 画壁系列　款式 35

图 1–14　盖娅传说 2019 画壁系列　款式 7

画壁系列款式 25（如图 1–15）立领与盘扣的结合相得益彰，与服色相同的盘扣设计和胸前纽扣的细腻低调精致，让设计更有看点，彰显出女性的细腻柔媚。袖口的设计也是颇费心思，借鉴了马蹄袖结构，用小纽扣在手腕处做装饰。款式结构更具层次感和现代感，大身灰色面料用手绘兰花做装饰，与手持团扇的兰花图案相呼应。款式整体展现出了东方女性的温婉、细腻、柔媚。

画壁系列款式 52（如图 1–16、图 1–17）的主要设计点在于领型仿披领的设计，前后两块“披领”用肩膀上的若干颗纽扣固定，其上用与服色相同的绣线装饰传统纹样，传统元素与现代工艺和谐统一。服装面料使用柔和的轻薄丝绢，同时应用于具有明显清朝朝服结构特点的款式上，把女性化的面料元素与硬朗的款式廓形相结合，相得益彰，别具一格。

图 1-15　盖娅传说 2019 画壁系列款式 25

图 1-16　盖娅传说 2019 画壁系列款式 52

图 1-17　盖娅传说 2019 画壁系列款式 52（局部）

案例四　NE · TIGER东北虎2016春夏系列

东北虎是中国著名的本土服装品牌，以中式风格礼服为设计特色。品牌早年以皮草服装的设计与生产为主，后推出了晚礼服、中式婚礼服、西式婚纱等服装系列设计，还开创性地推出高级定制华服的概念。东北虎的华服以发扬中国传统民族精神为基础，秉持着贯通古今、融汇中西的设计理念，致力于传承中华民族优秀文化艺术，造就中式奢侈品品牌，复兴中国馆奢侈品文明。

款式 1（如图 1-18）沿袭了旗袍的款式廓形，剪裁略显收身，立领装饰玉佩对扣，不做衣襟，下摆用鱼尾设计。衣袖的设计用半透明面料做三层层叠阔袖，显出满族服饰大气端庄的气质。服装通身刺绣牡丹、兰花、蝴蝶等传统吉祥纹样，摆处绣有改良版海水江崖纹，彰显穿着者的身份和地位。

款式 2（如图 1-19）使用了曾是帝后才能用的明黄色作为主色调，配色参考龙袍。领子做翻领设计，短袖袖口做镶滚设计，都用蓝色滚边。款式裁剪收身，腰间以上用明黄地刺绣龙纹、祥云纹等。沿着斜向下的分割线，上半身装饰海水江崖纹，下摆用黑色丝绒面料做开衩设计。开衩的裙摆显露出明黄色的里衬，与上半身颜色相呼应。甚至模特穿着的鞋子也是模仿满族女子穿着的高底鞋。

款式 3（如图 1-20）礼服沿用了龙袍的设计元素，从明黄色的色调，到龙纹和祥云纹样的使用，甚至还用到了十二章纹样。领子做了三瓣式的创新立领造型，插肩袖设计把蓝色渐变海水纹过渡到领子，袖口模仿马蹄袖结构。鱼尾裙下摆中间开衩，海水纹从腰部开始沿着开衩围绕裙摆展开。款式中西合璧，既保留了中式元素高端大气的皇家气派，又具有现代时尚品味。

款式 4（如图 1-21）礼服保留了旗袍收身的款式结构，采取不对称的领部设计，右侧领型为立领造型，左侧则把线条转化为露肩设计，巧妙而又自然。裙子设计了拖尾下摆，大气高贵，凤凰牡丹装饰图案飘逸自然，凸显穿着者身份高贵、气质高雅。

图 1-18　东北虎 2016 春夏系列　款式 1

图 1-19　东北虎 2016 春夏系列　款式 2

图 1-20　东北虎 2016 春夏系列　款式 3

图 1-21　东北虎 2016 春夏系列　款式 4

项目二　清朝服饰元素时装设计思维开拓

清朝服饰在中国众多历史朝代中是装饰最为繁冗奢华、工艺最为精湛的，而且保留下来很多珍品实物，为我们从事设计和学习设计提供了许多的学习参考资料及设计灵感。同时由于年代离我们较近，就服装款式、装饰语言、穿着习惯来说都十分接近，容易为我们所接受和理解。而且，近年来“清宫剧”的流行，让年轻人对清朝服饰较为热衷和喜爱。因此，为我们进行清朝服饰的设计提供了许多便利条件。

我们经常会惊叹于设计大师作品的美轮美奂，但是如果仔细分析，就会发觉这些设计都来源于某些设计灵感的启发。灵感通过设计师的理解和专业的分析转化成为服装语言，变成我们看到的、穿着的时装。服装语言，是指从灵感转化为服装的颜色、面料、廓形、结构、细节等。最终设计的服装款式具体化为上衣、外套、连衣裙等服装品类。我们所看到的设计过程就是从灵感到服装语言再到设计款式的变化过程（如图 2–1）。

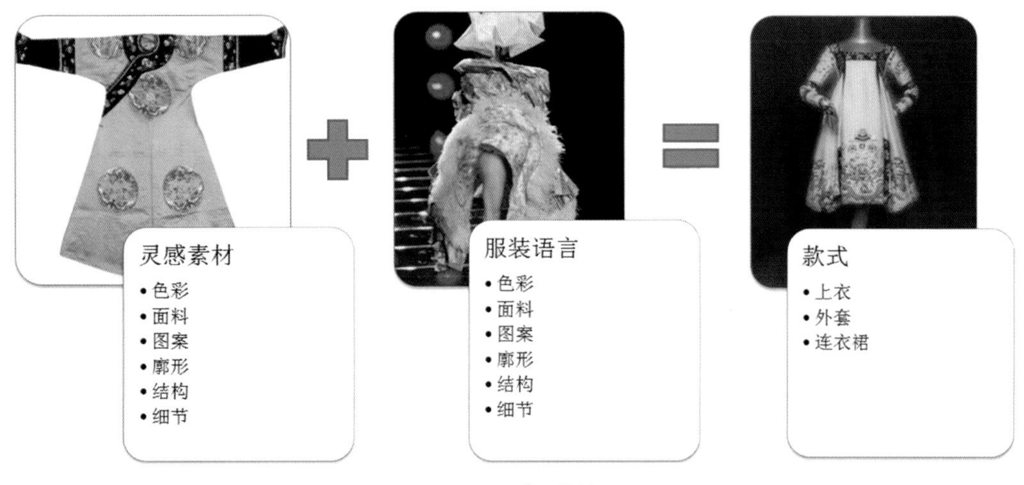

图 2–1 设计思维过程

以服装本身作为设计灵感，其思维过程相对其它非时装类灵感要简单，因为省略了其转化过程而降低了难度。但我们需要具有提取、解析灵感素材的能力，还需要跳脱传统风格的束缚，将灵感融入现代设计语境进行思考，将其转化成为现代时装设计语言，从而成为具有商品价值的时装款式。

我们按照设计思维的过程来理解清朝服装作为设计灵感素材在设计过程中的位置，按照清朝服装款式、清朝服装面料装饰、清朝服饰色彩图案和清朝服装配饰妆容四大类作为切入点进行分析讲解其在现代设计中的应用方法、形式及其设计思维特点。

一 清朝服装款式的现代设计应用

这里所讲的服装款式，是指服装的整体款式、组成部件和版型、结构等。服装的整体廓形以及款式造型可以来源于清朝帝后官员等的朝服、吉服、龙袍等，或者从平民的袍服中获取灵感。设计师还可以借鉴服装部件，如领型、袖型、下摆结构等。结合服装的版型、结构特点进行款式设计。从款式结构上进行设计借鉴，能为系列设计提供特色鲜明的服装廓形和结构元素，而且在制版和工艺环节如果可以与现代工艺相结合，还能相对降低设计成本和制作成本。同时由于清朝服装的款式廓形极具特色，又与现代人服装穿着习惯相近，因此款式效果能够兼具民族性、时尚性、适穿性与经济性。

“盖娅传说”该款式借鉴了清朝女性贵族朝裙的廓形，款式上沿袭了对襟马甲的款式造型，下半身为前开裾大摆长裙，内搭同色小脚长裤，显得时尚又干练。服装工艺上完全为现代时装制作工艺，是一款兼具清朝服饰元素但同时又适合现代都市女性穿着的时装（如图 2–2、

图 2-3）。另一款廓形款式与清朝袍服型制类似，平袖直身，下摆四开裾，门襟为对襟葡萄扣设计。面料采用现代工艺制作的真丝亚光缎。穿着舒适、得体、高雅、大方（如图 2-4）。

图 2-2　盖娅传说“圆明园”主题系列红色立领对襟葡萄扣套装

图 2-3　冬女朝裙

图 2-4　盖娅传说“圆明园”主题系列白色对襟四开裾长袍

“东北虎”这款设计借鉴清朝袍服款式，略显收身，立领、对襟设计，门襟下摆开衩。色彩使用清朝代表性的蓝色，装饰图案为海水江崖纹的变形纹样，灵活运用在了领口、胸前、袖子和下摆处。皮草为清朝服装常用材料，运用在该款上，彰显出清朝服饰的风貌与神韵（如图 2-5）。

“茧迹”品牌“海棠纪”系列下的“满玉”款为模仿清朝汉族女子婚服的现代中式婚礼服（如图 2-6）。上身为立领对襟女褂，门襟处的圆形刺绣图案借鉴了清朝朝褂上的圆形补子，双袖口的设计也是清朝女子阔袖镶滚装饰常见的结构。海水江崖纹被用到了婚服的装饰设计中来，放在女褂的下摆和袖口处，甚至裙子“马面”的部分也出现了。裙子为“马面

图 2-5　东北虎品牌皮草华服秀蓝色立领对襟外套

图 2-6　茧迹　海棠纪·满玉

裙”的现代改良版，采用现代裙装制版结构和工艺制作，只保留了“马面”部分悬挂在裙摆正中，成为了裙子设计的重点。

二 清朝服装面料与装饰的现代设计应用

采用清朝服装中的面料和装饰手法来进行现代时装的设计是相对讨巧与直接的设计方法，当代很多中外设计师都在运用。因为清朝与现代时间相对接近，很多清朝风格的面料现在仍然能够购买得到，而且面料图案、装饰工艺和艺术风格都与现代审美十分接近。尤其是旗袍在当代的兴盛，让传统面料与装饰手法得到众多时尚女性的青睐，更成为现代时装永不过时的潮流。

清朝服装的装饰手法众多，是中国众多朝代中装饰最为繁复的，我们能够从中得到很多设计灵感启发。如镶滚工艺、流苏、盘扣工艺和葡萄扣都是颇具设计感和清朝特色的设计语言（如图 2-7、图 2-8）。局部应用可以作为点缀，为现代时装融入古典元素，为设计增加层次感（如图 2-9 ~ 图 2-12）。使用普通面料和现代工艺制作的盘扣和葡萄扣也能成为设计中的亮点，让繁复昂贵的工艺变成简单大众化的设计（如图 2-13 ~ 图 2-15）。

图 2-7 茧迹 海棠纪 · 凤霁

图 2-8 茧迹 海棠纪 · 锦澜

图 2-9 茧迹 龙凤褂 细节 1

图 2-10 茧迹 龙凤褂 细节 2

图 2-11 茧迹 龙凤褂 细节 3

图 2-12 茧迹 龙凤褂 细节 4

图 2-13　Louis Vuitton2011 春夏
中式立领盘扣女套装

图 2-14　郭培　2019 春夏
高级定制“东·宫”系列设计作品

图 2-15　上海滩品牌的针织旗袍设计

三 清朝服饰色彩与图案的现代设计应用

清朝服饰色彩和图案具有鲜明的民族特色和历史时代特色，非常具有识别性。并且，清朝时期的服饰图案装饰艺术在我国历史上是一个高峰，贡献了许多出类拔萃的图案艺术作品。由于染色技术的发达，清朝服饰的色彩也是历代最为丰富夺目的。近年来国内外众多服装设计师和国际品牌纷纷效仿清式服装的装饰图案等元素丰富自己的作品（如图 2-16 ~ 图 2-18）。

图 2-16　2015 MetBall“China Through the Looking Glass”
Georgia May Jagger 身穿 Gucci 刺绣“睡袍”，Gucci 创作总监
Alessandro Michele 身穿祥云和蝴蝶刺绣西装

图 2-17　Yves Saint Laurent
2004 秋冬系列

如中国“茧迹”品牌的海棠纪系列“凤椝”款为改良旗袍款连衣裙，立领盘扣仿偏襟设计。装饰图案上有凤戏牡丹、祥云、行龙做衣身大面积装饰，下摆刺绣海水江崖纹。整套礼服裙色调按照清朝传统女服进行配色，尽显奢华高贵，又符合现代审美（如图 2-19）。

图 2-18　夏姿 · 陈 2013 春夏“不断”系列（凤凰图案套装）

图 2-19　茧迹　海棠纪 · 凤椝

使用清朝风格服装图案进行设计相对比较简单，能呈现较为直观的设计效果。如果把传统纹样融入现代时装、西服正装或者休闲装，只要对应款式与风格就能够设计出风格迥异的作品。如清式风格图案的龙纹、海水江崖纹、补子，在很多年轻人穿着的T恤衫上也可以看到它们的踪影（如图2-20、图2-21）。

图2-20　清式风格龙纹圆补海水江崖纹上衣

图2-21　清式方形补子图案圆领T恤

清朝满族喜爱蓝色，于是各式蓝色成为清朝服装风格的代表，很多中式服装品牌都会把蓝色作为模仿清式风格的系列色调（如图2-22、图2-23）。而且青花瓷在清朝时期进入审美的巅峰，出口到欧洲等世界各国，是世界了解中国的途径之一。青花蓝成为中华文明的代表，为世界人民所知，也经常作为中式艺术风格的标志出现在国际时尚T台上（如图2-24、图2-25）。明黄色作为帝王皇族的专用色现在也成为中式风格的代表（如图2-26）。

图2-22　东北虎海水龙纹礼服

图2-23　东北虎青花纹礼服

图 2-24　Roberto Cavalli 龙纹青花瓷礼服

图 2-25　Valentino 2013 秋冬 青花瓷元素设计作品

图 2-26　夏姿 · 陈 2013 春夏“不断”系列 明黄色仿旗袍套装

四　清朝服装配饰的现代设计应用

由于配饰体量相对较小，可以起到服装搭配和装点的作用，所以古典风格的配饰在现代应用的机会比较广。并且在时装拍摄和走秀中，清朝风格配饰总能起到画龙点睛的作用。如清朝女子佩戴的钿子、凤冠，是重要场合搭配吉服的饰物，当代设计师对它的重新演绎，再现了清朝繁荣奢华的视觉意象（如图 2-27、图 2-28）。

图 2-27　当代钿子造型设计

图 2-28　当代设计的凤冠头饰

清朝满族贵妇戴在头顶的大拉翅象征着尊贵的地位，郭培设计的青花瓷瓶大拉翅造型是对清朝艺术元素的创造性重组与再设计。既保留了青花蓝图案、大拉翅、流苏等元素，又和西式剪裁的鱼尾裙相结合，中西艺术兼容并蓄，完美地结合在一起（如图 2-29）。

图 2-29　郭培　青花大拉翅设计

茧迹品牌的琉璃系列“凤姬”头式设计，是对满族女子“二把头”的重新诠释。“二把头”发式两边用串珠流苏装点，头顶的绢花是对满族头饰元素的重组，充分保留了清朝传统饰品装饰元素，又平添了新意，呈现出崭新的设计风貌（如图 2-30）。镜花款头式同样也是模仿清朝满族大拉翅发式，把头套的形状重新设计做了变化调整，保留了绢花、流苏等元素，呈现出别致新颖的美感（如图 2-31）。

图 2-30　茧迹　琉璃系列　凤姬头式设计

图 2-31　茧迹　琉璃系列　镜花头饰设计

传统玉佩一般佩戴在腰间或者满族女性袍服的侧面纽扣位置，设计师别出心裁地把玉佩好像项链一样摆放在领口，红色的玉佩与服装相呼应，长长的流苏自然垂荡在胸前，为旗袍制造了一个设计焦点，衬托出模特姣好的面容（如图 2-32）。

图 2-32　茧迹　海棠纪系列　福瑾配饰

葡萄扣本来是用来固定服装衣襟的纽扣，设计师把这样一种绳子编结而成的绳结变成了戴在发间的发饰，呈现出别具一格的设计感，既具有东方神韵，又简单新颖（如图 2-33）。

清朝女性喜欢使用流苏耳饰做装饰，还出现过灯笼耳饰，盖娅传说这款灯笼流苏耳饰是结合了清朝耳饰常见的这两大重要元素而成的创新款式。亭子一样的灯笼，下垂串珠流苏，鲜明的复古设计，又不局限于传统（如图 2-34）。

图 2-33　葡萄扣发饰

图 2-34　盖娅传说　耳饰设计

专题三

近代服饰分析及设计思维开拓

模块一

中国近代服饰发展脉络及服饰特征分析

项目一　近代服饰款式

【学习重点】

1. 近代男装款式的变化和造型特点。
2. 近代女装款式的变化和造型特点。
3. 近代服装的中西合璧表现形式。

一　近代男子服装款式

辛亥革命后，国民政府成立，参议院于民国元年七月公布了《服制条例》，规定男女礼服制度。女子礼服基本上为清代汉族女装的发展；男子礼服则分中、西式。中式为传统的长袍马褂，西式礼服分大礼服和常礼服两种。大礼服又有昼夜之分，昼礼服长与膝齐，袖与手脉齐，前对襟，后下端开衩，黑色，穿黑色过踝的靴；晚礼服类似西式燕尾服，穿短靴，前缀黑结。穿大礼服戴高而平顶的有檐帽子。常礼服与大礼服大同小异，惟戴较低的有檐圆顶帽。中华民国对平时便服不作具体规定，人们完全可以按照自己的喜好来选择服饰，无论款式、颜色都不受限制。民国流行的男子常服主要为长袍马褂、西装、中山装等。

（一）西装

西服、革履、礼帽是当时流行的青年便装，是时髦青年或从事洋务者的装束。西装、皮鞋、圆顶礼帽，帽檐宽阔并微微翻起（如图 1-1）。冬用黑色毛呢，夏用白色丝葛，基本上是当时欧洲流行的帽式。这种礼帽成为与中西装都可以配套的庄重首服。在西风东渐和中西方文化的碰撞下，西装早已为中国人熟知（如图 1-2、图 1-3）。最初，西装绝大多数是进口。1904 年在上海“王兴昌记”诞生了中国人缝制的第一套西装。20 世纪 20—30 年代，大都市出现了专门制售西装的公司，还创下了中国人自己的名牌。报纸、杂志也开辟专栏介绍西式服装。

图 1-1　戴礼帽穿西式大衣手持拐杖的民国男士

图 1-2　民国男女合照中男士身着西装

图 1-3　中山大学男大学生（除中间男士穿中山装外，其余均为西装）

（二）中山装

中山装是孙中山先生亲自创导的，是在“学生装”和“企领文装”的基础上改革而成的一种服装。最早的中山装作关闭式八字形领口，装袖，前门襟上有九粒纽扣，后背有中缝，腰际有阔带式横襟，衣服的上下左右各缀有一贴袋，上端加有戴盖，下面的袋子裁制成可以随放进物品多少而涨缩的“风琴袋”式样（如图 1-4）。1912 年民国政府通令将中山装定为礼服，修改中山装造型，并赋予了新的含义。依据国之四维（“礼、义、廉、耻”）确定前衣身设四个口袋，袋盖为倒笔架，寓意为以文治国；依据五权（行政、立法、司法、考试、监察）分立原则，前门襟改为五粒纽扣；依据三民主义（民族、民权、民生）原则，将袖口设定为三粒纽扣；衣领定为翻领封闭式，显示严谨治国的理念（如图 1-5）。民国十八年制定国民党宪法时，曾规定特、简、荐、委四级文官宣誓就职时一律穿中山装，以示遵奉先生之法。很显然，中山装是在西装的基本式样上，使用中国传统的寓意符号表现手法，糅合中国传统意识而形成的一款中国男装的标志性的服装。中华人民共和国成立后，由于革命领袖和革命干部都穿中山装，人民群众也以这种服装来表达对新时代的欢迎。

图1-4　穿中山装的孙中山

图1-5　现代中山装

（三）长袍马褂

虽然经过了以西装为代表的新式服装的冲击，传统的长袍马褂仍然占据着半壁江山。长袍、马褂、头戴瓜皮小帽或呢帽，下身着中式裤子，足蹬布鞋或棉靴，是当时较保守的中年人及公务人员交际时的礼仪装束（如图 1-6 ~ 图 1-8）。褂是清代特有的一种礼服，穿时加罩于袍服之外。马褂之制于康熙末年在全国普及，成为一种常服。长袍的形式在民国初年定型后就再也没有多大的变化，作大襟右衽，长及脚踝上 2 寸，袖长与马褂并齐，在左右两侧下摆处开有 1 尺左右长衩（如图 1-9）。民国将长袍马褂作为国家礼服的一种，但是在穿着上抛弃了等级差别。故而革命者取其义，守旧者取其名，使长袍马褂在近代中国服饰舞台上仍扮演了一个重要的角色。

（四）新式男装

中西结合的新式男装式样，包括中式的长袍、西裤、礼帽、皮鞋，外加文明杖（如图 1-10、

图 1-6　民国男女合照，男子身穿长袍马褂

图 1-7　上海市长吴国桢穿长袍马褂全身照（1947 年中华民国时期）

图 1-8　民国长袍复原图

图 1-11）。这是民国中后期较为时兴的一款装束，也是中西服饰结合最为成功的一套服装组合。它既保持了宽和的民族风俗，又增加了符合时代氛围的精干利落。

图 1-9　近代男子长袍

图 1-10　长袍西裤皮鞋　民国新式男装复原图

图 1-11　穿新式男装的梅兰芳

（五）学生装

头戴鸭舌帽或白色阔边帆布帽，身穿制服式学生装，即清末引进的日本制服（如图 1-12、图 1-13）。形制为箱形结构，直立领、胸前有一暗插袋。一般为资产阶级进步人士和激进青年学生穿用。

图 1-12　民国男大学生

图 1-13　学生鸭舌帽复原图

思考题

1. 近代男子服装的转变以及款式搭配。
2. 中山装的形成过程和服装形制。

任务实践

1. 收集整理近代男装款式，并尝试绘制款式图。
2. 通过图片资料比较清朝到近代男装的变化过程。

二 近代女子服装款式

近代中国妇女在新思想、新观念的影响下，开始逐步改变千百年来固有的传统服饰形象，开始大胆运用服装的造型来充分显示自身的天然形体美，西式的裁剪结构方式也传入了中国。这一时期女子服饰的突出代表就是新式旗袍和时装的出现。

（一）旗袍

旗袍是由满族传统服装改造而来，初期还保留了很多传统元素；民国早中期部分结合西式裁剪让款式更为合体，衬托出女性曲线；民国后期旗袍变得更为性感，紧身、高开衩、修长及地的款式，结合华丽的装饰，展现出中西合璧的张扬时尚感；民国末期后回归到端庄典雅的造型（如图 1-14 ~图 1-18）。

图 1-14　民国上海旗袍

图 1-15　身穿旗袍的孟小冬

图 1-16　广告画穿旗袍美女

图 1-17　20 世纪 30 年代旗袍美女画

图 1-18　穿短袖旗袍的民国美女画

（二）时装

除旗袍外，女性服饰繁荣的显著标志之一就是时装的出现，时装在上海的广泛流行使上海成为全国的服装中心。商家的服装展演、女演员的穿着都引领着时装的潮流。时装中的裙装成为都市女性的新宠，样式、颜色时时翻新，举不胜举，或无袖或荷叶袖，或“V”字领或“一”字领，或长及没踝或短及膝上。尤其是连衣裙为年轻姑娘喜爱的穿着。披风、西式大衣、西式外套、毛线马甲、泳衣、各款帽子、围巾等，共同构成民国时尚女装。有的在西式大衣或外套里面着一袭旗袍，则兼具妩媚与端庄的风韵（如图 1-19 ~ 图 1-24）。

图 1-19 “远东最美丽的珍珠”黄蕙兰
Vogue 杂志评选“最佳着装”中国女性

图 1-20 1935 年电影女明星身穿大衣的照片

图 1-21 京剧名伶孟小冬身穿连衣裙

图 1-22 陈云裳身穿西式连衣裙

图 1-23 民国美女身穿新式泳装

图 1-24 广告牌上时髦的民国女子穿着中西合璧的时装

（三）袄裙

民国初年，仍然流行上衣下裙，上衣有衫、袄、背心，样式有对襟、琵琶襟、一字襟、大襟、直襟、斜襟等变化，领、袖、襟、摆多镶滚花边或刺绣纹样，衣摆有方有圆、宽瘦长短的变化也较多。袄裙，实际上与中国先秦所形成的上衣下裙服制是一脉相承的。

1. 上袄下裙

袄分长短，长的长到臀围下，短的短到腰围间。通常长袄是高领、窄袖，短袄是低领、宽袖，袖口宽大平直。袄的下摆有直角、圆角、半圆弧型等，其式样随流行而变化。这时的袄裁制比较紧身，通常搭配长裙穿着，并常作彩绣装饰（如图 1-25 ~ 图 1-29）。

图 1-25　民国女画家关紫兰短裙配短袄

图 1-26　身着袄裙装的民国美女

图 1-27　身着袄裙装的时髦女性画

图 1-28　张爱玲身穿袄裙

图 1-29　20 世纪 20 年代湖色花缎袄搭配黑色裙

2. 文明新装

文明新装与上襦下裙形制类似，为窄而修长的高领衫袄，上衣多用朴素的白、黑、蓝色，下为黑色长裙，不施绣纹（如图 1-30）。辛亥革命后，受留日学生的影响，年轻女学生以区别传统袄裙装扮，不戴簪钗、手镯、耳环、戒指等饰物。穿文明新装的多为接受了新知识、新思想的女学生，她们穿新衣是为了做新人。

（四）衣裤

上衫下裤的装扮在民国初年开始流行，其服装形式随时而异。上衫下裤这种衣式以年轻姑娘和劳动妇女穿着居多，作为居家服的也很多（如图 1-31、图 1-32）。

图 1-30　北京培华女子中学的女学生

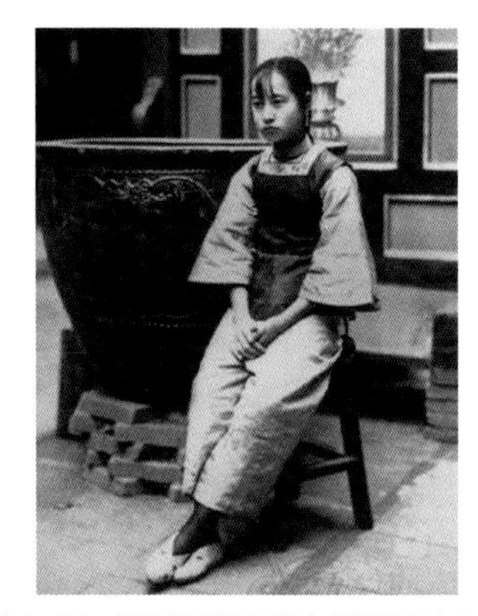
图 1-31　民国时期身着上衫下裤的女子

图 1-32　广告画中着上衣下裤居家装扮的民国女子

（五）运动服

民国时期，年轻的学生都会积极参加体育运动，学习各式体育运动项目。学校里也会举办运动会，鼓励学生和老师参加，所以运动服是必不可少的。有的学校里都会定做运动服发给学生们，甚至针对不同的运动项目有对应的运动服装。其款式大多为针织上衣、短裤和球鞋（如图 1-33 ~ 图 1-35）。

图 1-33　金陵女子大学的学生正在进行击剑训练

图 1-34　金陵女子大学的运动会

图 1-35　燕京大学女子棒球队

思考题

1. 近代形成中西合璧的服装风貌的原因是什么？
2. 传统服饰在民国时期的款式变化形式有哪些？

任务实践

1. 收集整理近代旗袍的款式造型资料，并尝试进行分析总结其中的特点和规律。

2. 挑选一种近代西式女装，收集整理其款式资料，并尝试进行分析总结其中的特点和规律。

二维码 1-1　案例分析：民国旗袍变迁

项目二　近代服装面料与装饰

【学习重点】

1. 中式装饰风格及其造型特点。
2. 西式装饰风格及其造型特点。

一　近代服装面料及织造工艺

近代服装面料的材质在前期发展的基础上，由于西方发达的纺织技术和材料的引进，服装材料趋于多元化，除了棉、毛、丝、麻等天然材质，还产生了混纺化纤材质的面料。蕾丝等西方服装材料也相继涌入中国。相较封建时期传统织造技术的繁复和耗时，西方现代织造技术提升了服装面料的制造效率和面料品质，同时还降低了生产成本，民众更倾向于购买机器制造的价廉物美的面料制作衣服，与此同时手工的土布慢慢退出了历史舞台。同时由于对新式时装的提倡和三民主义思想的普及，社会上下对于着装已不再像封建时期要通过服装明尊卑、辨阶层，为封建王朝供奉的繁复、耗时、昂贵的面料和工艺已鲜有市场。民国时期的服装面料更趋平民化和简单化。

（一）天然织物

1. 棉

在民国旗袍面料中，棉织物的组织结构以简单的平纹、斜纹为主，机织平布较为常见，手工土布有少量使用，也使用绒类织物。在染色工艺上，亦广泛使用西方化学染料。比如采用阴丹士林染料染色的布匹，时称“阴丹士林”布（如图 2-1）。与中国传统的染料相比，其青蓝色更加单纯、鲜嫩、素雅，色牢度好，价格便宜，在当时深受女学生、女职员等的喜爱。

图 2-1 “阴丹士林”布广告

2. 麻

麻织物以平纹为主，服用性能大有改善，大多以夏天穿着为主。

3. 丝

丝织物中缎、绉、纺及绸类较为常见，另有呢、葛、纱、绒等大类产品。轻薄多孔的纬编针织物为夏季旗袍的时兴材料。

4. 毛

在毛织物中，精纺花呢较为常见，另有精纺女衣呢、派力司和粗纺花呢、法兰绒；组织结构以平纹和斜纹为主，通过色纱排列以及简单组织变化产生条纹或者千鸟格等小型花纹。以单色匹染为主，也有印花毛织物。

（二）化合织物

民国时期化纤和混纺面料的使用量也达到了一定的比例，且化纤材料以黏胶为主。化纤材料颜色鲜艳，面料较挺阔，较传统材料更为耐用，但手感较硬，服用性能不如天然纤维。虽然如此，但是由于其在当时是一个新鲜事物，迎合了上流社会求新求异的追求，也成为一种身份的象征。更为重要的是，随着织物品种的增加以及纤维需求量的增大，传统的纤维已经不能满足日益增长的需求，所以增加了化学纤维织物的使用量。混纺织物中，以真丝与化纤混纺、毛与化纤混纺为主。相较纯粹的真丝和羊毛，混纺织物颜色更加鲜艳，面料韧性增加，变得更为挺阔，材料更加经久耐用（如图 2–2、图 2–3）。

图 2–2　身穿镂空蕾丝网眼面料制作的旗袍的民国女性

图 2–3　20 世纪 30 年代花卉蕾丝短袖旗袍

思考题

近代先进科技对服装面料产生了哪些影响，具体有哪些方面的表现？

任务实践

搜寻并整理近代服装面料，尝试对找到的面料资料进行分类。

二 近代服装装饰技艺

二维码 2-1 一字扣

（一）中式装饰风格

1. 盘花扣

盘花扣是一种将纽头和纽襻的尾部通过弯曲盘绕的方法，编制成各种图案的盘扣。盘花扣有单色、双色、实心、空心之分。因其花巧精致，极富装饰性，深受女性喜爱，多用其点缀衣服（如图 2-4 ~ 图 2-10）。

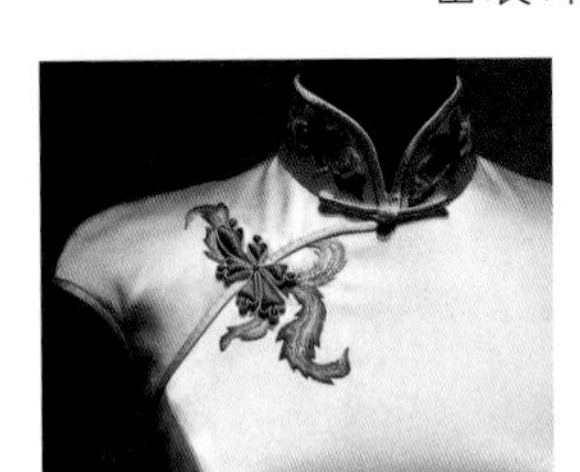
图 2-4 旗袍领口和胸前的盘扣装饰

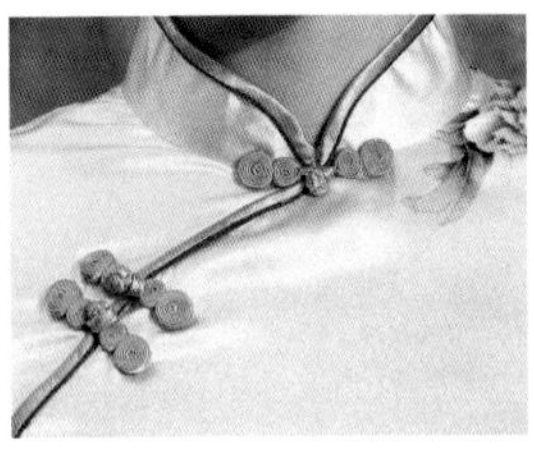
图 2-5 单色盘花葫芦扣

图 2-6 双色实心盘花蝴蝶扣

图 2-7 单色盘花蝴蝶扣

图 2-8 双色空心盘花寿字扣

图 2-9 双色盘花石榴花扣

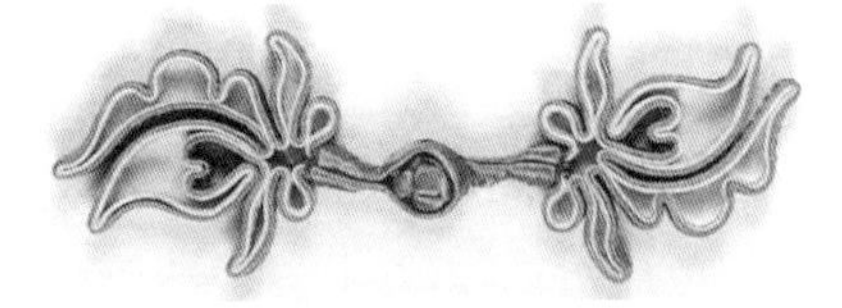
图 2-10 双色盘花小花扣

2. 缘饰

缘饰指的是对服装边缘及接缝处的修整和装饰处理，通常出现在领口、领围、衣襟、袖口、下摆及开衩等部位，多采用丝质绸缎或花边等材料通过镶、嵌、滚、贴、绣等工艺制作而成，表现形式和装饰风格受各时期社会主流审美的影响而不断变化与发展，成为典型的服装装饰语言之一（如图 2-11、图 2-12）。

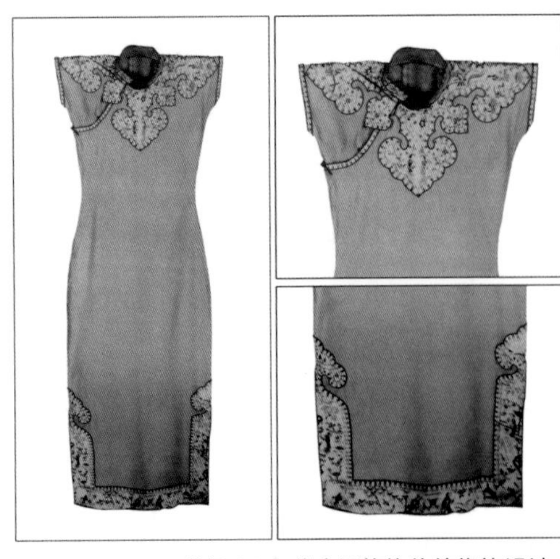
图 2-11 20 世纪 30 年代京派旗袍传统缘饰设计

图 2-12 20 世纪 30 年代橙黄烂花绒镶边中袖旗袍（领部缘饰与衣襟局部缘饰）

3. 刺绣

我国传统的刺绣技艺一直以来就是服装装饰功能中最为耀眼和重要的装饰方法，除了“四大名绣”——苏绣、湘绣、粤绣和蜀绣以外，还有京绣、鲁绣、汴绣、瓯绣、杭绣、汉绣、闽绣等地方名绣。到了近代，这些刺绣品种在各式传统服装和新式旗袍上大放异彩。中国的传统刺绣以其独特的魅力在世界服装舞台上越来越受到人们的关注，传统的刺绣工艺已经成为了经典。

刺绣在服装当中的装饰部位有衣领、门襟、袖口等部位。衣领刺绣图纹有衬托、美化、突出脸形的作用。旗袍领一般为立领，图案可运用于整个衣领、领边或领尖处，与衣领的大小、宽窄、领边的曲直、深浅相适应。门襟上应用刺绣图案较为常见，应用的刺绣种类多样化，有彩绣、绚带绣、亮片绣等多种形式（如图 2-13、图 2-14）。刺绣在旗袍的装饰部位多在领口、前胸、肩膀、腰部、下摆、后背、臀部以及袖子等，一般以单独纹样出现（如图 2-15 ~图 2-18）。刺绣装饰要考虑完整协调、和谐统一及节奏、疏密、虚实、繁简、聚散，以便更好地衬托设计主题。

图 2-13　清代真丝洋绉苏绣素色牡丹六团花对襟女褂

图 2-14　领部刺绣细节

图 2-15　近代传统刺绣元素旗袍

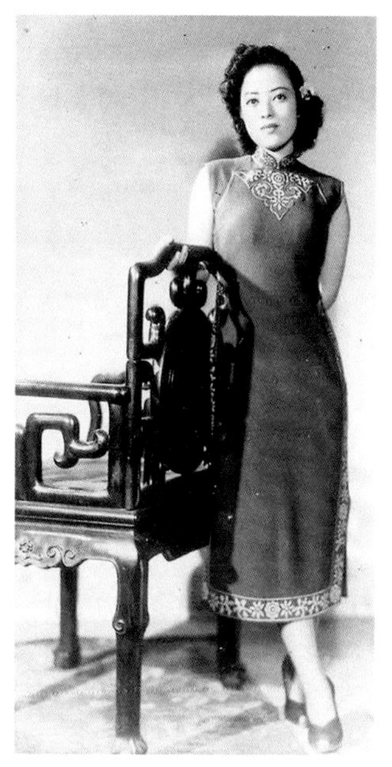

图 2-16　李香兰身着刺绣装饰旗袍

图 2-17　盛范颐的花蝶刺绣装饰旗袍

图 2-18　近代广告中刺绣装饰在旗袍中的呈现

（二）西式装饰风格

近代受到西方文化和舶来品的影响，服装无论在材质、色调、工艺等方面都逐渐接受并形成了西洋化的风格，同时也保留了传统服装的样式和特点。以上海的海派风格为代表，中西合璧、精致儒雅的时尚风潮成为近代服装的一大特色。

1. 蕾丝花边

蕾丝花边是以丝线、棉线织就而成的带状织物。其中丝质花边分为真丝花边和人造丝花边两种。早在清朝末年，蕾丝就已经传入中国，在西式洋服和中式袍褂中点缀出现。到了民国时期，蕾丝元素就已经广泛呈现在时装和配饰当中，成为时髦女性的必备品，尤其在民国时期旗袍缘饰设计中应用十分广泛。其一般为单色，具有纹理清晰、花型丰富、质地轻盈等特点，呈镂空状，缀饰于旗袍衣料边缘，能够有效地衬托女性性感、妩媚的特点，起到很好的装饰效果（如图 2-19 ~ 图 2-21）。因此，它受到当时女性的热烈追捧，也成为民国旗袍经典的设计元素之一。

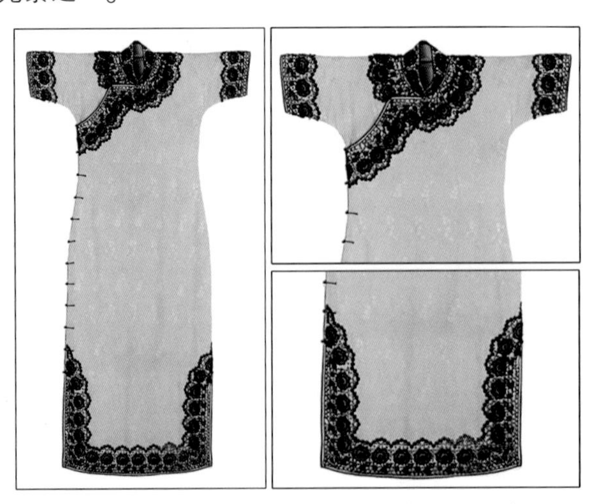

图 2-19　20 世纪 30 年代的海派旗袍蕾丝缘饰实物图
北京服装学院民族服饰博物馆藏

图 2-20　装饰蕾丝和盘扣的近代旗袍
苏州丝绸博物馆收藏

图 2-21　影视剧中复原的蕾丝缘饰旗袍

2. 刺绣

在近代，作为传统服装装饰元素的刺绣也慢慢被西方文化艺术的服装装饰形式所改变。在刺绣的技法、内容、形式、材质等诸多方面都引进了西方刺绣的特点，同时有的还保留了中式服装的特点，形成中西风格兼容并蓄的独特的民国时尚风貌（如图 2-22、图 2-23）。

图 2-22　民国黑色提花真丝缎欧式刺绣玫瑰花铜扣对襟女褂

图 2-23　身穿西式刺绣外套和旗袍的民国女性

3. 裁剪

近代服装的版型结构较清朝传统服装已经有了明显的改良，尤其是西式服装的广泛流行和西式服装裁剪方法的引入，近代的时装款式变得更加多元化，更加强调女性形体美，更加合体、修身，同时款式结构更为复杂多变（如图 2-24 ~ 图 2-26）。

图 2-24　身穿西式裁剪服装的民国时髦女性
（《中华》第 53 期封面）

图 2-25　身穿西式裁剪时装的民国女性
（《电声》杂志封面）

二维码 2-2　西式裁剪时装

图 2-26　身穿西式服装的民国女性（1936 年在伦敦）

思考题

1. 近代形成了中西合璧的服装风貌，具体都表现在哪些方面？
2. 西方的装饰元素是怎样融入近代时髦女性的服装的？

任务实践

1. 收集并整理近代传统女装的装饰元素，并进行分析，尝试总结其中的规律。
2. 收集并整理近代西式女装的装饰元素，并进行分析，尝试总结其中的规律。

二维码 2-3　案例分析：民国旗袍门襟变化

项目三　近代服饰色彩与图案

【学习重点】

1. 近代服饰色彩特点和变迁。
2. 近代服装图案的种类和造型特点。
3. 西方文化对近代服饰图案的影响。

一　近代服饰色彩

民国服饰图案的色彩表现大致可分为两个大类：第一大类较为普遍，是以清秀、温和的素雅色彩为主导的淑女风格；另一大类则是以明艳、张扬的鲜亮色彩为特征的摩登女郎风格。

（一）温和素雅风格

20 世纪 20 年代是民国旗袍处于刚刚起步的阶段，清纯靓丽的女学生打扮是那个年代里的时尚风向标，无论年岁长幼，许多女性都喜欢以一袭清丽儒雅的“学生模样”示人。因此，无论是当时上下分体的袄裙，或是之后慢慢流行起来的马甲旗袍和倒大袖旗袍，皆以素净、淡雅的风格作为其主要的色彩表现特征。

清丽、淡雅的色调体系普遍具有明度较高且纯度适中的特点，有时还能根据实体旗袍的整体效果需求适当变更色彩的明度或纯度表现，容易使人内心涌现出一种舒适、愉悦的情感。对于花样年华的妙龄少女来说，色彩清新的旗袍既能准确表现出她们朝气蓬勃、活泼开朗的一面，又能委婉地表达她们矜持婉约、温柔文静的一面。比如，浅蓝色的旗袍能给人淡雅、明快的感觉，表现出女性纯真、文静的一面，夏天身穿浅蓝色基调的旗袍，还能平添一份清凉舒爽之意（如图 3-1）。淡紫色的旗袍能散发出少女含蓄、飘逸的美好情感。而甜美、娇嫩的粉红色旗袍则能恰好表达出少女的温婉、柔俏的脾性（如图 3-2）。

图 3-1　穿浅蓝色旗袍的广告画女子

清纯、淡雅的色彩表现的确主要盛行于 20 世纪 20 年代服装图案之中，而且从此以后，清雅的用色风格就一直贯穿在整个民国旗袍的发展历程中，即便后来的民国改良旗袍的色彩装饰中又出现了全新的表现方式，也未曾令这股最初的清新、雅致的风尚终止。到了民国末期，素清风格的旗袍图案又再度受到广泛青睐，成为主流的装饰风格。40 年代的民国服装，典雅、别致、端庄的素新风格设计是这一时期图案色彩的表现特征，能反映出女性温顺、谦和的气质，焕发出秀丽、典雅的色彩品质，映衬出了女子端慧、娴静的淑女风范。

（二）华丽摩登风格

20 世纪 30 年代的民国社会思想相对进步、开放，人们对未知新奇的事物充满了探索的欲望，常年深埋于内心深处的热情和兴奋感被相继点燃，人们的审美观念与审美视角亦变得新潮独特。以摩登风格著称的民国旗袍大都喜欢选用明度与纯度数值颇高的颜色，比如红色、黄色、紫色等（如图 3-3、图 3-4）。鲜艳的红色是中国人特别喜欢的颜色，有浪漫、喜庆、吉祥之意。以红色为主色调的服装能表现出热烈、奔放、喜悦的情感，令穿衣人显得朝气蓬勃、充满活力与激情。清朝灭亡之后，黄色为皇家专属的禁忌也随之被打破，开始

图 3-2　月份牌广告上穿着素雅的民国女子

图 3-3　穿着艳丽的广告画女子

图 3-4　近代广告画中穿一身红色的时髦女子

广泛出现在一般民众的生活里，同时也被纳入到民国旗袍的装饰色彩行列。紫色有尊贵、奢华的含义，经常被古代的王公贵胄们选为服饰的色彩，所以紫色调的旗袍时常会令人心生高贵、富丽的感觉。由于近代染色技术的蓬勃发展，五彩缤纷的颜色进入到时髦女郎的衣橱中，演绎了民国摩登时尚的风华绝代。

二 近代服饰图案

民国服饰受到民主共和思想的浸润与成长，服装图案更为自由，造型缤纷绚烂，形式主题十分宽泛多变。在装饰图案的实际运用上，民国旗袍并没有复制清代旗袍图案繁多苛刻的门类设置，剔除了旧式旗袍厚重死板的弊病。此外，封建服饰图案中“明辨尊卑”的符号化的阶级指代功能也随着封建政权的覆灭被一并扫除，旗袍图案不再被冠以任何政治化的功用，恢复了其作为装饰图案的天然本性，仅仅为美观、得体而生，贴合着自民国时期崇尚的自由简练的审美风尚。从旗袍图案的题材内容上看，本土化的传统吉祥图案仍然处于主导地位，由于受到当时追求自由、素雅的社会风尚的影响，以龙凤纹为代表的灵兽珍禽题材的图案大幅度减少，不再被列入到主流图案的行列之中。民国旗袍面料的纹样题材以植物纹样为常见，以植物、动物、动植物组合、文字等组成的吉祥纹样较多，且有程式化现象。几何纹有较多应用，条格纹样逐渐成为基本纹样之一，受外来文化影响的纹样也有使用。

（一）植物纹样

民国旗袍图案延续了清朝旗袍图案中爱好使用花卉植物图案的特征。来源于大自然、富有生活情趣的花卉植物题材的图案是民国图案中最为常见且数量最为丰富的一类图案。为了满足民国时期轻快简洁的审美风尚，装饰于民国旗袍上的花草图案的形态特征与最终视觉成像都表现得相当干脆、简练，省去了一些不必要的琐碎装饰（如图3-5、图3-6）。既保留了自然植物的形态特点，又在它们的装饰视觉特征里融入了和谐美观的韵律表现，整齐划一，变化得当。不仅能表达出美好的吉祥寓意和象征意境，同时也反映着民国社会人们的思想情感和审美追求。如“岁寒三友”“梅兰竹菊”等富有美好情怀的传统图案，和来自西方世界的玫瑰、草藤、小野花等植物图案（如图3-7、图3-8）。

图3-5 民国晚期的红底花卉图案旗袍

图3-6 民国绿地牡丹纹样旗袍

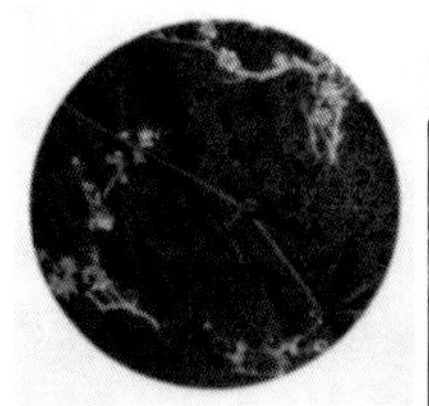

图 3-7　传统“梅兰竹菊”图案

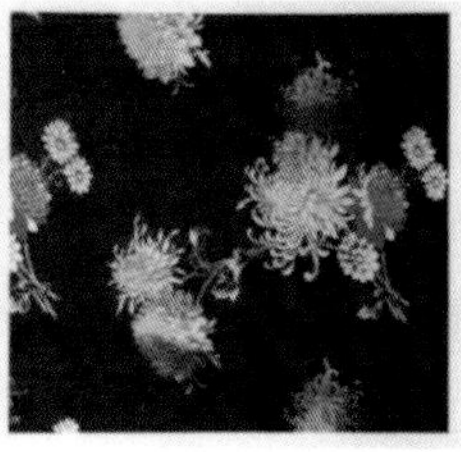

图 3-8　民国旗袍菊花纹样

（二）动物纹样

民国时期服饰动物纹样相对植物花卉纹样数量较少，很多还是和植物花卉纹样等搭配在一起出现，用来表现吉祥寓意和装饰效果。如花鸟纹，凤喜牡丹，等等（如图 3-9 ~ 图 3-11）。

图 3-9　近代宝鸾凤图案

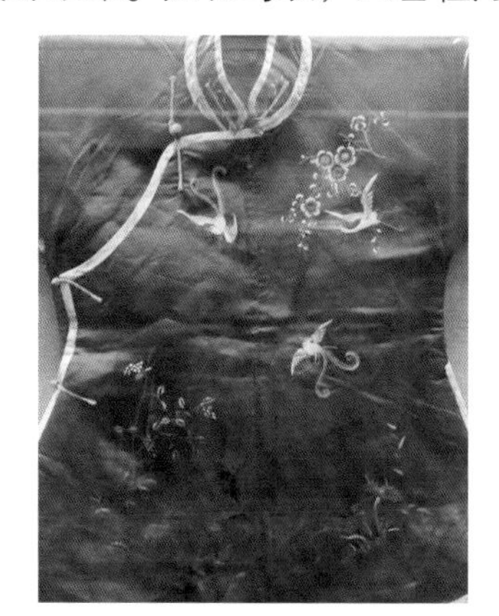

图 3-10　近代花鸟纹女袄

图 3-11　近代凤戏牡丹纹旗袍

（三）文字纹样

从清朝传承下来的吉祥文字纹样在民国仍然应用着，常出现在男女日常服饰，或者庆祝节日、寿辰、婚庆等寓意吉祥长寿喜庆等的服饰和用品上。如双喜、寿字纹等。文字图案与织物花卉图案、几何纹样、动物纹样常常结合在一起，组成吉祥寓意的图案（如图 3-12）。

图 3-12　近代福寿吉祥图案旗袍
江宁织造博物馆

（四）几何纹样

几何纹样通常都表现出结构工整、组织严密而规范的特性，对称与连续是它最显著的视觉特征。几何图形既可以独立成为装饰图案的主体，也可以充当其他题材图案的框架结构。这种结构被称为“骨式图”，指一个单位图案中的横竖边线以一个单位格的形式向四面延续所得到基本的骨式构架。清代旗袍图案中的几何元素基本都是以“骨式”结构构成的，例如卍字形、菱形、网格形等，并严格执行着“繁、杂、多、密”的固定排列模式。

民国服饰的装饰图案，最常用的是连续结构的“骨式图”图案，在极富规律的几何框架内，填入花草、鸟兽、器物等美观的图形图案，或者直接填入方形、菱形、圆形、多边形等几何图形，形成了层次鲜明的形态布局，也是民国时期图案中最常出现的几何元素图案的表现形式（如图 3-13 ~ 图 3-15）。另外，在西方抽象审美的影响下，民国旗袍中几何形图案也没有一味受到“骨式图”结构的束缚，某些被概念化的几何图案通过一系列无规则的自由透叠、交错、环绕等方式排列，以抽象化的结构形态展现，将民国旗袍崇尚自由、简洁的装饰艺术特征以最直接、明快的视觉形式表达出来，创造出了丰富多样的装饰视觉体验。

图 3-13　民国中期的折样线纹旗袍

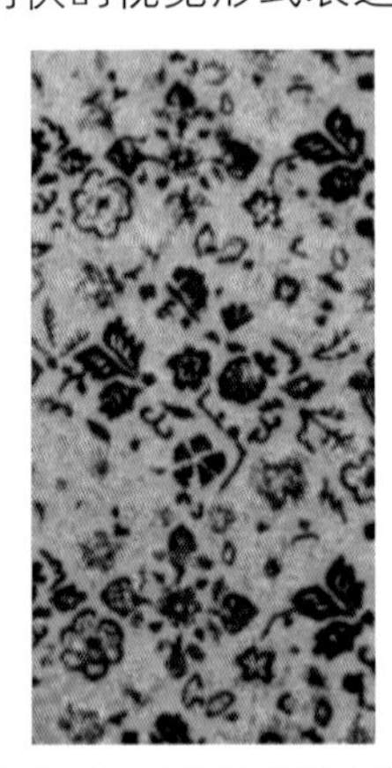

图 3-14　民国中期的服饰图案

图 3-15　民国早期的菱形骨架结构的连续式图案旗袍

（五）外来纹样

民国将传统民族服饰和西式服装兼收并蓄的融合应用是民国旗袍的最鲜明特点。中西合并的文化模式也在当时旗袍、服饰的装饰图案上有所体现。许多面料纹样在主题、素材、构图和表现技法上明显受到西方文化的影响，出现了玫瑰、草藤、野花和建筑风景等题材，色彩追求柔和、素雅。在纹样的表现技法更多地吸收了欧洲写生变化和光影处理的方法。由于民国时期人们审美趣味的变化以及城市生活节奏的加快，条格纹在二十世纪三四十年代已经逐渐成为最基本的旗袍面料纹样之一（如图 3-16、图 3-17）。还有代表洛可可样式的玫瑰纹饰，源自西方古典文化的草藤形图案，曾经在古希腊、古罗马建筑上的卷草装饰纹，等等（如图 3-18、图 3-19）。

（六）抽象纹样

受西方近代艺术形式的影响，民国旗袍的装饰图案中也不乏存在着许多形态特征奇异的抽象图形。抽象的图形形态通过提取具体物象中的共同本质特点，将其进行深入的归纳化、印象化处理，比如将人物、事物、景象用方形、圆形、三角形等进行组合归纳，以多维点、线、面的形式表现出对某种具体形态的印象和感觉，能为观看者开辟出巨大的想象空间（如图 3-20 ~ 图 3-22）。

图 3-16　广告上穿条纹旗袍的美女

图 3-17　穿格子旗袍的民国女子

图 3-18　民国西方巴洛克纹样女袄

图 3-19　民国中期的草藤图案

图 3-20　民国晚期的三维线形图案旗袍

图 3-21　民国晚期的蓝色印花图案旗袍

图 3-22　民国晚期的彩条图案旗袍

抽象形态的图形本具有很强的虚幻性和不确定性，抽象形态的装饰图案更为注重形式语言的表达，通过形与形之间的相邻、相切、渗透等关系塑造出有效的视觉张力，而图案本身的形态则表现得较为单纯。

抽象形态的旗袍图案并不执着于对图形本身形态的雕琢，而是力求能在形式结构的设计上独具匠心。此外，具象形态图案的美感也能寓于某些抽象表现之中，在抽象图案中掺入微量的具象形式，借助具象的表达与受众沟通，继而用抽象的形态引发美的共鸣，强化视觉表现力。

思考题

1. 民国时期的旗袍图案有哪些题材？对这些题材你是怎么理解的？
2. 从“中体西用”“西学东渐”来看，西方文化对民国时期服饰图案有哪些影响？
3. 民国时期旗袍图案有哪些审美特征及演变形式？

任务实践

1. 收集整理民国服饰色彩资料，尝试整理出一套民国服饰色彩档案。
2. 挑选一种图案题材进行收集整理，归纳总结出民国服饰图案的规律和特点。

二维码 3-1 案例分析：民国旗袍图案的审美特征及演变

项目四 近代服装配饰与妆容

【学习重点】

1. 民国女性发式的发展过程和形式。
2. 民国女性配饰的种类和特点。

一 发式

民国时期时髦女性的发型相较清朝有着明显变化。20 世纪 20 年代中后期，短发与垂丝刘海是典型的特征；30 年代，流行西式烫发，短发及中长发的大波浪卷是主要的发型，30 年代末 40 年代初，卷发造型更加自然，使之与着装、环境场合相适宜。西式烫发工具和护发产品的传入，对女性发型及整体造型有重要影响。

（一）20年代发式

在二十年代，近代民国时期女性中最先流行的发式是剪发。剪发发式中最早的是一种刘海额前齐眉、两翼垂耳的短发发式，很多女学生喜用，当时也被称为是时代新女性的象征（如图 4-1）。后来，一些理发店又设计不同的刘海，统称为刘海式剪发发型（如图 4-2、图 4-3）。而风靡一时的是月牙式刘海，就是将刘海剪得如月牙一般。

图 4-1　美女画中刘海式剪发

图 4-2　改良后的刘海式剪发

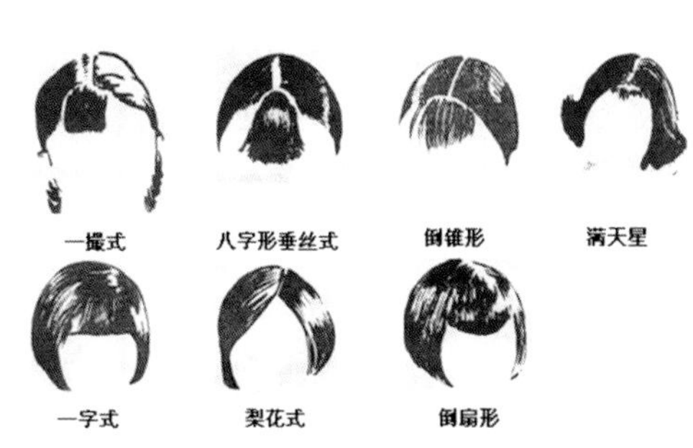

图 4-3　民国时期刘海式剪发发型示意图

（二）30年代发式

1930 年以后，剪发变得有长有短，额前有刘海，也有童花，在梳理时分为向后梳、中分、边分等，而发式的轮廓则以平直、弧形为主（如图 4-4）。不同的女性梳理不同的剪发发式也呈现出不一样的美。同时烫发开始时兴起来，当时烫发以波浪式为主，有长波浪、中长波浪、油条式、卷式等多种（如图 4-5 ~ 图 4-8）。有不少人仍喜梳发辫，不同的是她们的发辫不再像过去那样单一了，有烫刘海的，也有烫辫梢的。同时还在辫子上增添了一些装饰，如在发根编结五色丝带，或以珠翠相饰，以蝴蝶结为饰最受女孩子喜爱。

图 4-4　梳中分刘海发型的民国女性

图 4-5　烫披肩波浪卷发的民国女性

图 4-6　广告画中油条式烫发发型

图 4-7　时尚杂志封面的卷发美女

图 4-8　民国时装美女明星发型广告

（三）30年代末40年代初

在新生活运动之前，时髦女子多是烫发后披散着，但新生活运动开始之后，因禁止烫发，女性便把烫卷的头发梳成发髻，但依然可以看出是烫过的头发，头顶头发仍是波浪卷（如图 4-9 ~ 图 4-11）。还有一些年纪较大的女性或平民妇女，她们大多仍梳发髻，而这种发髻也较为简单，以圆髻为主。

图 4-9　梳发髻的民国女子

图 4-10　三十年代的上海女性

图 4-11　周璇于 1940 年拍摄的照片

思考题

1. 民国女性发式变化的原因和社会背景。
2. 民国与清朝发式的异同，试举例说明。

任务实践

1. 搜集整理民国女性发式资料，尝试总结其发式的特点和发展规律。
2. 挑选某一款发式进行再设计，并绘制效果图。

二 饰品

民国时期不仅服装品类丰富，式样繁多，服装配饰品与服装的搭配也非常讲究。随着洋装、欧美百货及交谊舞、骑马、网球、电影等西式生活方式的涌入，传统的梳、髻、簪、钗已不适合新女性的口味，短发、烫发、手袋、钱包、眼镜、镶金牙套、手表、遮阳伞、高跟鞋、丝袜等开始装饰他们的生活，民国的妆饰文化也达到了一个新的高度。服装配饰的范围从内到外以西式物品为主。

（一）帽子

帽子是女性头上的重要装饰。近现代上海女性戴的帽子品种很多，为女性之美锦上添花。城市中妇女一般不戴帽，但穿西式服装的时髦女子会配戴各种西式女帽，如草帽、绒线帽、贝雷帽以及各种时装帽等，这在当时是非常时髦的装束。帽子不仅可以在冬天保暖、夏天遮阳，更多的是具有修饰作用。帽子的形式有平顶圆盘状，大多搭配西式大衣，还有针织帽等，帽子上还会有蝴蝶结、花朵等作为装饰（如图 4-12 ~ 图 4-14）。

（二）头饰

1. 发箍

使用发箍作为装饰在民国时期是一种流行，很多时髦女性和明星名媛穿着旗袍时会佩

图 4-12　头戴遮阳帽的民国女子

图 4-13　香烟广告中头戴贝雷帽的女子

图 4-14　戴花朵装饰帽的女子
民国《良友》杂志 1937 年 8 月第 127 期封面

戴发箍（如图 4-15、图 4-16）。还有以花或者蝴蝶结别在耳朵旁边作为装饰的，上海女士多选择木兰、蔷薇等花。

2. 发夹

发夹也是民国女性钟爱的一款头饰，名媛贵妇会使用昂贵的金银材料作发夹佩戴。还有使用人造钻石等材质镶嵌装饰，也成为一种风尚（如图 4-17、图 4-18）。

3. 发簪

近代女性更倾向于佩戴的发簪是具有一定功能性又可以作为装饰的，纯粹作为装饰用的发簪已经非常罕见了（如图 4-19、图 4-20）。

图 4-15　头戴发箍的民国时髦女性画

图 4-16　头戴珍珠发箍的广告画民国时髦女性

图 4-17　头戴发夹的广告画美女

图 4-18　头戴发夹手捧鲜花的民国美女画

图 4-19　头戴花朵发簪的广告画女子

图 4-20　头戴发簪的民国美女

4. 押发扁簪

“押发扁簪”为清末至民国常见的发髻用簪，用以别押发髻。款式多样：右两头椭圆尖，中间收腰，也有呈半圆弧形的（如图 4-21 ~图 4-24）。

图 4-21　半弧形金制押发扁簪

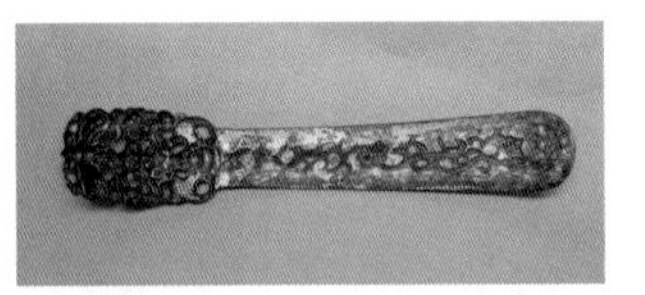
图 4-22　方头押发扁簪

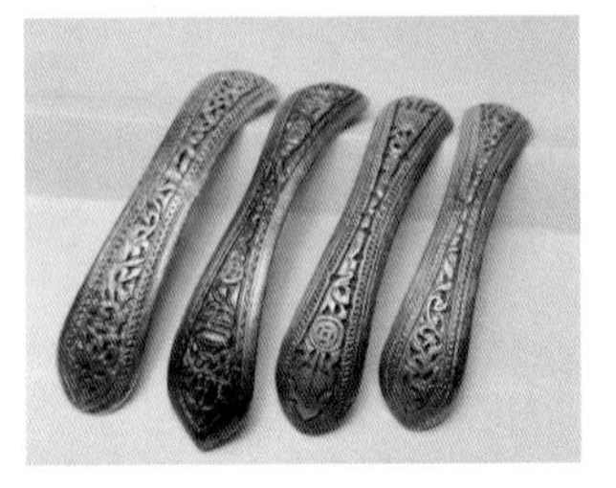
图 4-23　半弧押发扁簪

图 4-24　不同款式的押发扁簪

5. 压发梳

民国时期珍珠压发梳非常流行，可能是因为既可以固定发型又能起到装饰的作用而流行起来，它的款式通常是洋金嵌一排或两排珍珠。也有比较朴素的压发梳，为普通百姓女性所广泛使用。甚至现在仍然是现代女性常常用到的一种发饰（如图 4-25、图 4-26）。

6. 发网

部分民国女子仍保持着梳髻的习惯，中年女子还时兴扣发网，以保持发髻不毛乱。珍珠满天星发网可以扣住后面扁扁平平的大发髻（如图 4-27）。不过发网和压发梳一般都是太太小姐们使用，一般职业妇女和知识女性不大使用。除非在宴会上，因为在平常生活中不太适宜珠光宝气的装扮。

图 4-25　戴发梳的民国女子
1933 年《良友》杂志第 79 期封面

图 4-26　戴发梳的女子照片

图 4-27　头戴发网的广告画时髦女性

（三）耳饰

民国耳饰款式形状多样，有圆柱形的、水滴形的、线形的各不相同，并且样式都比较精致。造型各异的耳坠大多与旗袍相配，体现出不同的风格特征。同时耳坠也是修饰脸型，在着装中起到点睛之笔的配饰。

1. 耳钉、耳环

由于耳夹的发明，耳饰不再是典型的加长吊坠形。从二十世纪二十年代开始流行独立的珍珠耳钉，颗粒如粟米粒大小，配以白金相衬（如图 4-28、图 4-29）。一般白领女士和中产太太都喜欢佩戴，大方又贵气。现如今这种独立珍珠耳钉仍十分流行，已经成为了经典的耳钉式样。

图 4-28　民国贵妇佩戴的珍珠耳钉

图 4-29　戴珍珠耳钉的民国美女画

2. 耳坠

近代的耳坠款式花样繁多，大体造型比较夸张。耳坠的款式可大致分为几何图案造型、植物线条造型和流苏造型三大类，几何图案造型中又可大致分为：圆形、菱形、长方形和水滴形（如图 4-30 ~ 图 4-32）。

图 4-30　漂亮的民国新娘
（佩戴水滴形珍珠耳坠和三层珍珠项链）

图 4-31　阮玲玉佩戴的水滴形耳坠

图 4-32　佩戴钻石耳坠的阮玲玉

（四）手饰

1. 手镯、手链

追求时髦的女性总爱佩戴手镯，手镯的款式多样，但佩戴比较多的是圆柱形的。佩戴的位置也有所不同，有的是卡在手腕的位置，有的是在小臂位置，还有佩戴在大臂上的，是为臂钏（如图 4-33、图 4-34）。

2. 手表

在 1930 年后上海妇女时兴戴手表，但只有极少数有钱人家的妇女作为装饰品使用。因为手表都是进口产品，价格十分昂贵。作为着装中非常重要的一件配饰，它既实用又美观。

手表的式样大多是黑色的皮表带配椭圆或者圆形的表盘（如图 4–35）。不论是穿着旗袍或者西式服装，手表都是经常使用的配饰。

图 4–33　民国时期广告中的时髦女郎

图 4–34　民国画报中戴手镯、臂钏的时髦女子

图 4–35　画中民国女子（左手佩戴手表，双耳戴珍珠耳钉）

3. 戒指

民国时期，戒指通常作为搭配旗袍和时髦服装必不可少的装饰品之一。从平民百姓到明星、名媛，皆佩戴戒指。当然大多数是女明星或者名媛，这和她们的经济状况不无关系。当时普及率很高的中间一颗主钻旁边一圈小钻的戒指；还有名字戒，可以做图章印字（如图 4–36 ~ 图 4–39）。

4. 手套

手套是民国时期上海女性常用的服饰配件品。手套的款式多样，一般长度达手腕以上 7 ~ 8 厘米，有在手套口另以蕾丝作为装饰的，还有手套边缘绣花的（如图 4–40）。手套主要是配合旗袍及风衣佩带。“白鸡牌”手套在当时上海时髦女性中颇有影响力。

图 4–36　民国“婚姻自主”戒指

图 4–37　民国银托镶景泰蓝翡翠戒指

图 4–38　佩戴宝石戒指的民国美女

图 4–39　佩戴宝石戒指的美女画报

图 4–40　民国香烟广告中戴手套的时髦女郎

（五）配饰

1. 花饰

花饰是指起装饰作用的人造花朵，一般放在肩部、颈部或者胸部位置（如图 4-41、图 4-42）。并且根据所穿着的服装款式图案的不同，所佩戴的花饰也不同。佩戴花饰不仅可以点缀服装，在花上喷香水，还可有怡人的气味。

2. 眼镜

随着西方先进技术的引进，民国的时尚女性也会佩戴眼镜（如图 4-43）。而且太阳镜也深受爱美女士的欢迎。很多时髦女郎都会在艳阳高照时佩戴一副墨镜，彰显自己的与众不同（如图 4-44）。

图 4-41　严仁美双肩装饰花朵造型

图 4-42　朱湄筠装饰花朵造型

图 4-43　佩戴眼镜的民国男女

3. 胸针

民国时期胸针款式已经花样百出了，那个时期的胸针采用了大量的碎钻和宝石，展现了璀璨华丽的风貌。植物造型一向是主流，妖娆的蝴蝶、枝头的花朵绿叶等都是较流行的款式（如图 4-45、图 4-46）。

图 4-44　民国时期聚餐的女性（左一佩戴墨镜的时髦女士）

图 4-45　20 世纪 30 年代民国女性身穿垂丝刘海裙胸前佩戴胸针

图 4-46　20 世纪 30 年代民国女性胸前花朵胸针

（六）颈饰

1. 项链

珍珠项链在近代女性的着装搭配中出现的频率极高。通常是长串白色珍珠项链，或翡翠珠宝项链，珊瑚金银等，挂于旗袍的衣领外面，让整身旗袍锦上添花（如图4-47）。

2. 围巾

围巾不仅可以修饰点缀服装，也可以起到一定的保暖作用。围巾有很多种类型，丝巾、披肩、围巾等。春夏季会选择丝巾，秋冬季会选择编织或者裘皮围领（如图4-48、图4-49）。围巾的佩戴方式有多种，比较流行的是围巾与旗袍的搭配。

图4-47 佩戴项链的民国女子

图4-48 徐来佩戴皮草围巾搭配旗袍

图4-49 电影皇后胡蝶佩戴丝巾与旗袍搭配

（七）鞋子

1. 高跟鞋

民国初期，伴随着西式服装传入中国，西式高跟鞋也逐步传入中国。电影明星大多穿着旗袍时选择搭配高跟鞋。普通大众也开始流行穿着高跟鞋。高鞋以锥形法兰西跟最流行，一般穿着高度为中跟的高跟鞋，鞋面有漆皮、光皮、绣花缎等材质，带式有丁字带、一字带或无带式（如图4-50、图4-51）。

图4-50 广告画中穿高跟鞋的民国美女

图4-51 广告画中穿红高跟鞋的女子

2. 布鞋

布鞋样式颇多，有浅口式、圆口式、松紧带式、系带式等，也有刺绣装点的绣花鞋，十分受欢迎（如图4-52）。鞋面多用各种布料、呢绒、丝绸等。千层纳底布鞋也一直很受群众欢迎。1920 年后，上海青年女学生大都身穿布旗袍，脚着搭襻黑布鞋，一副清秀形象，引起社会上女性群起效仿。后又出现皮底布鞋，多数是冬季棉鞋类，如呢面蚌壳棉鞋、套舌棉鞋等。

图 4-52　民国女子穿着的高跟鞋和平跟鞋款式

3. 运动鞋

在二十世纪二十年代末时，青年学生开始流行穿橡胶底的球鞋，三四十年代，喜穿帆布面橡胶底的运动鞋，平底低帮式，系带处下面有鞋舌，初为白、蓝两色，鞋帮常饰以各种色带。这种鞋结实耐穿，富于青春气息（如图 4-53、图 4-54）。

（八）携带物

1. 扇子

扇子不仅具有实用功能，还具有装饰功能和审美效果。扇子的种类多样，有折扇、团扇，也有看起来厚重飘逸的羽毛扇（如图 4-55、图 4-56）。民国时期的时髦女性多穿着旗袍或者西式连衣裙时使用扇子作为配饰。

图 4-53　广告画中穿运动鞋的民国女性 1

图 4-54　广告画中穿运动鞋的民国女性 2

图 4-55　黄惠兰身着西式时尚礼服手持羽毛扇

2. 包袋

包袋既实用又美观，是近代时尚女性主要配饰之一。她们在穿着旗袍或者西式服装时都会使用包袋。其造型以梯形和长方形为主，袋口多为拉链或翻盖型，在不同的场合穿着不同的服装会有不同的选择（如图 4-57、图 4-58）。

图 4-56　手持折扇的广告画美女

图 4-57　民国香烟广告中手持包袋的时髦女郎

图 4-58　中国第一位女飞行员李霞卿

3. 遮阳伞

遮阳伞具有一定的装饰性。遮阳伞的伞骨多为金属制成，伞面多以细府绸制成，有素色的，也有印花的，四周常用荷叶边为装饰，精美细巧，在近代为时髦女性所崇尚（如图 4-59）。遮阳伞的装饰作用也多于实用性，不仅明星、名媛喜爱它作为装饰品，追求时髦的女性也用遮阳伞。

图 4-59　手持遮阳伞的民国美女画

思考题

1. 民国女子配饰种类有哪些，试举例说明。
2. 民国女子配饰与清朝相比差别在哪里？

任务实践

1. 搜集整理民国女子配饰，尝试分析某一品类款式造型的规律和特点。
2. 挑选某几款有代表性的配饰，绘制效果图。

三　妆容

民国女性美容化妆的方法多样，由于受西方影响，国外的化妆品、护肤品如香粉、香水、雪花膏、唇膏、眉笔等都已传入。现代的女性护肤更加科学合理、丰富多彩。在面妆方面，一般的步骤是先用香皂洁面，毛巾拭干后，再涂上雪花膏，之后再搽上香粉。这就是一般女子略施粉黛的妆容。20 世纪 20 年代中后期，流行细长的眉毛以及樱桃小嘴（如图 4-60、图 4-61）。30 年代整体妆容浓艳华贵，与当时华丽的旗袍相呼应。时尚女性除了面部底妆，还会描眉、上眼影、涂唇、染指甲等（如图 4-62 ~ 图 4-64）。30 年代末 40 年代初，妆

图 4-60　20 年代中后期女子妆容
《良友》1928 年 11 月第 32 期封面

容回归自然清淡，与当时服饰的简洁、少装饰相配合（如图 4-65、图 4-66）。由于人们对美容化妆的追求，在上海等一些大城市还开设了不少美容院，帮助爱美女士微整形或者美容。其服务项目和功能已经与现代的美容院非常接近了。

图 4-61　20 年代中后期女子妆容
《良友》1928 年 12 月第 33 期封面

图 4-62　30 年代民国女性妆容 1

图 4-63　30 年代民国女性妆容 2

图 4-64　30 年代女星周璇妆容

图 4-65　40 年代民国女性妆容近照

图 4-66　40 年代民国女性妆容

思考题

1. 民国女性妆容变化的原因和社会背景。
2. 民国与清朝妆容的异同，试举例说明。

任务实践

1. 搜集整理民国女性妆容资料，尝试总结其发式的特点和发展规律。
2. 挑选某一款妆容进行再设计，并绘制效果图。

二维码 4-1　案例分析：民国女明星妆容变迁

模块二

中国近代服饰的现代应用案例及思维开拓

项目一　近代服饰风格时装案例赏析

案例一　克里斯汀 · 迪奥（Christian Dior）

Christian Dior 品牌自 1947 年创始以来，就一直是华贵与高雅的代名词，不论是时装、化妆品或是其他服饰品。Dior（迪奥）在时尚殿堂一直雄踞顶端，继承法国高级女装的传统，代表上流社会成熟女性的审美品位，象征法国时装文化的最高精神。除了高级时装外，Dior（迪奥）产品还有男装、香水、箱包、皮草、化妆品、珠宝、鞋靴及童装等。

克里斯汀 • 迪奥（Christian Dior）1997 秋冬系列

克里斯汀 • 迪奥早在 1997 年由当时的主设计师约翰 • 加利亚诺主持完成的中国风的系列一直是时尚界的经典，也是备受中国设计师持续关注的设计主题。该系列延续了中国 20 世纪 20—30 年代，即中华民国时期都市女子风貌为特点，还结合了那个时期流行的配饰和中国京剧的妆容，营造出中国民国时期繁华精彩的气息，展现出设计师眼中中国女子别样的风情。

图 1-1　克里斯汀 · 迪奥　1997 秋冬系列 1

图 1-2　克里斯汀 · 迪奥　1997 秋冬系列 2

款式一（如图 1-1）的模特身穿立领紧身上衣，手拿流苏装饰的手提包，脖颈处佩戴了民国时期特别流行的珍珠项链，搭配民国初期的齐刘海、华丽的头饰和模仿京剧的妆容。款式二（如图 1-2）模特手持折扇翩翩走来，流苏下摆的长裙搭配华丽的皮草披肩，展现出 20 世纪二十年代奢靡的时尚风格。设计师把东方美女的含蓄风韵与西方的华丽性感相结合，让人耳目一新、格调高雅。

中国近代的旗袍作为中华服饰文化的代表作品之一展现了东方女性含蓄内敛的性感，加利亚诺狂放野性的设计风格遇到了民国女性的高雅、知性，碰撞出了让时尚界难忘的经典，让中国设计师惊讶的中西合璧的可能性（如图 1-3、图 1-4）。

图1-3　克里斯汀·迪奥　1997秋冬系列3

图1-4　克里斯汀·迪奥　1997秋冬系列4

案例二　路易·威登（Louis Vuitton）

路易·威登是法国著名的时装品牌，也是箱包品牌。早期以箱包皮件设计出名，现在不仅局限于出售高档皮具，也涉足时装、饰品、珠宝等方面，成为国际知名的时尚品牌和流行风向标。路易·威登时装风格高雅大气，设计大胆创新，受到全球广大消费者的爱戴，尤其在中国市场，获得了大批的拥趸。

路易·威登2011春夏系列

在2011年这一季，路易·威登设计师使用了中国旗袍和对襟马褂等元素的中式主题系列设计，结合品牌用色大胆的风格特点，让我们看到中式旗袍的另一种可能性。该系列主要使用的元素有旗袍款式、立领、开衩、对襟、一字扣、葡萄纽、流苏、贴袋等。款式一

图1-5　路易·威登　2011春夏系列1

图1-6　路易·威登　2011春夏系列2

（如图 1-5）使用了传统旗袍的立领结构，把肚兜的结构运用在了裙子上半身，旗袍的开衩转到了左边大腿根的地方。裙子的结构模仿传统一片式裙子，在开衩延长线上做了四颗纽扣固定并做装饰。款式二（如图 1-6）把旗袍变成了一体式连裤衣，在立领下面做下挖设计，结合肚兜结构，显得时髦又性感。

款式三（如图 1-7）中，设计师把中式传统对襟马褂的一字扣去掉了几颗，让下摆自然打开。在衣身上做了两个中山装的贴袋，同时在服装表面点缀流苏装饰，把传统中式马褂改头换面变成了国际大牌的高级定制。款式四（如图 1-8）把传统旗袍做了结构上的解构，把传统旗袍侧面下摆的开衩与大襟连在了一起，放在衣身左边开衩出来。面料用中式传统图案搭配艳丽的色彩，领口袖口模仿旗袍镶边设计。设计师用中国风系列别出心裁的设计和夸张大胆的手法展现了西方对中国传统服饰与众不同的审美和想象，开创了新颖别致的设计元素。

图 1-7　路易 · 威登　2011 春夏系列 3

图 1-8　路易 · 威登　2011 春夏系列 4

案例三　乔治 · 阿玛尼（Giorgio Armani）

乔治 · 阿玛尼是意大利著名奢侈品品牌，旗下产品包括男装、女装，鞋靴，手袋配饰，腕表，眼镜，珠宝首饰，香水及彩妆品、家居饰品。乔治 · 阿玛尼产品时尚、高贵、精致、简约，充分展现了都市人简洁、优雅、自信的个性。

乔治 · 阿玛尼 Giorgio Armani 2019 春夏系列

乔治 · 阿玛尼的这个系列融合了多种中式文化元素，如中式流苏和齐刘海的发式，20 世纪 20 年代华丽的流苏连衣裙，还有清朝官员佩戴的尖顶官帽元素。

该系列一直贯彻的齐刘海流苏发饰，为整个系列营造出一种淡淡的民国风情。中式提花小西装，让整款设计兼具东方神韵又不张扬，同时合体的西方式裁剪让穿着既符合现代穿着习惯又体感更加舒适（如图 1-9）。款式二（如图 1-10）门襟处的金属对扣装饰类似中式如意，又像一对金锁挂在胸前。红地梅花瓣裙，把中国传统梅花元素糅和进设计中。中式流苏在 20 世纪 20 年代从中国传入欧洲，成为风靡一时的时尚元素，流苏在这款紧身连衣裙上淋漓尽致地发挥了作用，复兴了当时的流行风貌，红色流苏与梅花结合完成了华丽的蜕变（如图 1-11）。红色在西方世界一直是中国的代表色，把红色与简洁的黑白结合，成为经典的色彩搭配，又含蓄地体现出中式风情（如图 1-12）。

图 1-9 乔治 · 阿玛尼 2019 春夏系列 1

图 1-10 乔治 · 阿玛尼 2019 春夏系列 2

图 1-11 乔治 · 阿玛尼 2019 春夏系列 3

图 1-12 乔治 · 阿玛尼 2019 春夏系列 4

案例四 上海滩（Shanghai Tang）

上海滩品牌是香港著名的中式服装品牌，坚持传承中华服饰文化，以中西合璧的设计理念为中心，确立了独树一帜的品牌形象和设计风格。品牌服装做工精良，用料考究，款式独特，吸引海内外喜爱中式服装的人士纷至沓来。

如图 1-13 这款上衣采用中式对襟马褂款式，材质创造性地使用针织，提升了服装穿着的舒适性，在袖口用针织工艺的螺纹束口，又显得现代时尚，中式与现代结合得恰到好处。门襟的盘扣和葡萄扣也采用大身相同的针织材料盘制而成，与服装整体风格相呼应。针织衫用真丝面料做里衬，可以让服装更挺阔，品质更高级。

这款旗袍（如图 1-14）采用近代传统旗袍样式，在面料上使用现代工艺提花面料，领口和门襟用红色面料镶边与红色盘扣相呼应。旗袍侧面开衩较短，适合含蓄内敛的成熟女性穿着。

图 1-13　上海滩　红色中式针织衫

图 1-14　上海滩　提花缎面改良旗袍

上海滩的这款男士针织衫（如图 1-15）采用了与上面女款针织衫同样的设计手法，用针织材质完成衣身和所有部件的制作，同时制作工艺也是按照针织服装的工艺完成。这款男装在门襟处除了用一字扣固定，里面还隐藏了拉链，服装两侧添加了针织贴袋，满足部分男性的穿着需求，让款式穿着更加随性易于打理。

另一款男士上衣（如图 1-16）模仿民国男士马褂对襟的造型，其中立领采用的是民国时期学生装的立领，袖口使用常规西式衬衫袖扣结构，方便穿着者与常规西裤、西装搭配穿着。整件衬衫设计简洁大方、做工考究。

图 1-15　上海滩　男士中式对襟针织衫

图 1-16　上海滩　中式对襟衬衫

项目二 近代服饰元素时装设计思维开拓

中国近代民国时期是承前启后的时期。它承接了以清朝为代表的封建制度统摄下的服装形态，在倡导自由、民主、科学的精神作用下，对传统封建礼教的服装进行了废除和改造，并且嫁接了西方服装的款式结构特点和流行时尚，逐步形成了现代服饰的雏形。民国时期的服饰无论在款式造型、面料图案、还是时尚风貌都是最接近现代的，并且对中国乃至世界范围的时装流行走向影响也是颇为深远的。

我们如果以民国时期服饰作为灵感或者设计风格主题，那么我们在深入了解民国服饰的基础上，还需要对设计思维的整体过程有所了解。民国服饰本身作为设计灵感素材通过一系列的设计分析和元素解构结合当代服装语言，转变成符合当代生活方式和时尚流行的时装。服装语言，是指从灵感转化为服装的颜色、面料、廓形、结构、细节等。最终设计的服装款式则以上衣、外套、连衣裙等服装品类呈现出来。我们所看到的设计过程就是从灵感到服装语言到设计款式的变化过程（如图 2-1）。

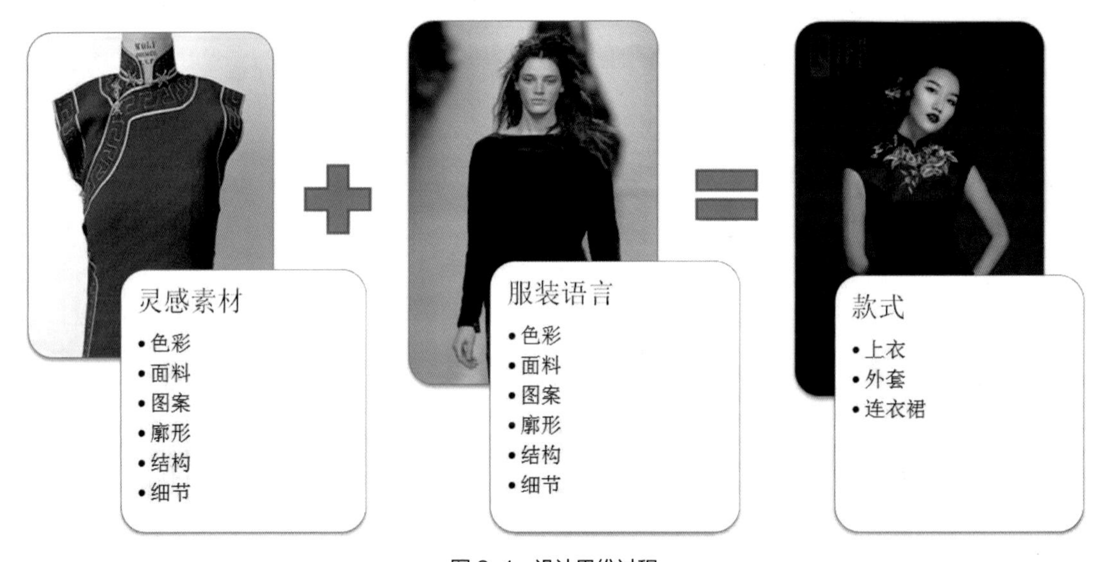

图 2-1 设计思维过程

以民国时期的服装本身和时尚风貌作为设计灵感，其思维过程相对其它非时装类灵感要简单，因为省略了复杂的转化过程而降低了难度。但灵感素材需要通过提取、解析才能变成服装语言，同时设计过程中还需要跳脱传统风格的束缚，将灵感融入现代设计语境进行思考，将其转化成为现代时装设计语言，从而成为具有商品价值的时装款式。

我们按照设计思维的过程来理解近代服装作为设计灵感素材在设计过程中的位置，按照近代服装款式、近代服装面料装饰、近代服饰色彩图案和近代服装配饰妆容四大类作为切入点进行分析，讲解其在现代设计中的应用方法、形式及其设计思维特点。

一 近代服装款式的现代设计应用

近代民国时期服装款式与现代服装款式结构十分接近，因此服装语言的转化工作相对简单。无论是服装的廓形、部件，还是版型结构，都可以转化的相对直接。但是，在这种情况下，就更考验设计师创造性、发散性思维的能力，能否把简单直接的设计思路，变得更丰富、更具创造力，最后设计出与众不同、出人意料的作品。比如参考近代服饰中的某一个代表性部件，其他的设计元素仍旧按照现代时装造型进行，最后有可能获得包含中式风格同时又时尚的服装款式。

比如巴伦世家的这款时装（如图 2-2），除了领子这一部件采用了旗袍立领，其他的设计完全与中式风格无关，服装缝制工艺上采用皮革打孔穿绳的工艺进行面料缝合，把细腻的东方旗袍与粗犷的皮革工艺相结合，出现了与众不同的款式设计。上海滩擅长把中式传统元素与现代服装工艺和客户穿着习惯相结合，设计出大襟盘扣针织 T 恤，具有中式风格，穿着又舒适、易于搭理（如图 2-3）符合当代人们的生活习惯。

图 2-2　巴伦世家　2008 春夏　中式立领设计

图 2-3　上海滩　大襟盘扣针织 T 恤

近代民国时期的旗袍相较清朝的女袍更为合体、紧身，以体现女性美好身姿为目的。这一特点在现代改良时装旗袍中也得以体现。茧迹“清晓集”系列的清伶款（如图 2-4），把 A 字裙的裙摆与旗袍相结合，既能体现旗袍收身合体的效果和古典美，下半身 A 形裙摆又自然地飘开，让习惯了快节奏的现代女性不用局促于旗袍紧身、高开衩造成的尴尬。路易・威登的这款对襟马褂（如图 2-5）把马褂与中山装的贴袋相结合，也是一款独居匠心的设计。

二　近代服装面料与装饰的现代设计应用

由于近代工业的长足发展和海外产品技术的进入，近代服装面料相较明清两代更为多元化，品质更高价格更为低廉。辛亥革命之后的人们对封建礼教为代表的繁缛的服饰装饰开始厌倦，取而代之的是更为简洁明快的装饰设计。这与现代成衣时装的特点十分接近，既降低了服装制作成本和材料成本，也满足了当代人群审美取向。当代时装设计使用现代工业化生产的制作工艺，结合民国服饰简洁清新的设计特点，于是就有可能成为长盛不衰、

图 2-4　茧迹　清晓集　清伶

图 2-5　路易 · 威登 2011 春夏　中式对襟褂衫

历久弥新的经典。比如上海滩的这款提花面料拉链衫（如图 2-6），基本款式是现代拉链卫衣，把近代流行的中式植物花卉纹样提花面料做大面积使用，结合葡萄扣点缀在领口处。款式简约又不简单，适合时尚男士的穿着。

图 2-6　上海滩　中式拉链衫

Emilio Pucci 这个系列的对襟一字纽外套款式（如图 2-7）为西式剪裁的圆领外套，在门襟处用服装相同面料制作了一排中式一字纽葡萄扣，纽扣在门襟处整齐紧密排列，其装饰功能明显大于实用功能。既满足了设计风格的要求，又显得不张扬，甚至符合日常的穿着。

这个系列的另一款网眼透视连衣裙就显得明艳动人，性感妩媚（如图 2-8）。透明的网眼面料上绣了一只金色的凤凰，正好端坐在裙子中央，模特的皮肤若隐若现从网眼中透出，把西方文化中的张扬性感与东方的神鸟合为一体。茧迹这款旗袍款式为较为经典的民国旗袍样式（如图 2-9），并且使用了蕾丝作为大身面料，围绕领口大襟处刺绣花卉装饰，是一款模仿民国风貌旗袍的成功设计。

图 2-7　Emilio Pucci　2013 春夏　对襟一字纽外套

图 2-8　Emilio Pucci　2013 春夏　网眼刺绣透视连衣裙

图 2-9　茧迹　清晓集　月下

三 近代服饰色彩与图案的现代设计应用

近代染色工艺的发达让民国时期的服饰色彩图案异常缤纷，同时民风日渐开放以及与西方世界的频繁交流，让民国摩登女性的时尚选择愈发多元。传统的纹样依然流行，西方流入的西式图案和现代几何抽象纹样也纷至沓来，几乎与我们现代时装无异（如图 2-10、图 2-11）。甚至很多时候我们当代设计师需要向民国名媛们学习时尚穿搭。

图 2-10　民国广告画中着旗袍美女

图 2-11　上海滩　抽象花卉缎面旗袍

在运用这些丰富的设计资源的时候需要提醒设计师，关于灵感素材运用的是否得当。过分频繁密集地添加设计元素，会让设计复古有余而创意不足。聪明地运用灵感素材，与当下时尚紧密结合，才会设计出有市场、有原创性的产品，否则稍微不注意就变成了古着设计。

比如东北虎品牌的这款剪纸纹样旗袍（如图 2-12），运用了常见的中式剪纸图案双喜和凤凰牡丹吉祥纹样作为设计点，把图案中心对称定位在旗袍上。图案虽然非常传统古老，但是与收身简约旗袍的结合就显得活泼生动，完全没有老气横秋的感觉。谭燕玉的这款上衣设计就很有创意地把民国美女月份牌图案放在了衣服上，通过图案再设计，让民国美女在国际时尚舞台再度绽放（如图 2-13）。

四 近代服装配饰的现代设计应用

近代服装配饰已经脱离了明清繁复奢华的凤冠、簪钗的传统意义，演变成为满足近代时髦女郎追求时尚与功能性相结合的现代服装配饰。所以，以近代饰品为基础的设计应用，在风格上是多变的，形式上是多元的，设计语言上是丰富而国际化的。很多品牌都通过配饰来丰富设计语言，表达中式设计风格。如迪奥早在 1997 年设计的中式风格系列作品，无论是服装款式的设计，还是配饰的穿插运用，以及模特的妆容发型的设计，都准确地表现了在一个外国设计师眼中，20 世纪 20—30 年代中国女性的风情万种。折扇、流苏、锦缎、方块字等这些设计元素是西方世界对于中式服饰文化的认知（如图 2-14 ~ 图 2-16），随着中国开放程度的加深，欧美设计师对中国的认识也越来越清晰，对于中式元素的运用也

图 2-12　东北虎　剪纸纹样旗袍

图 2-13　谭燕玉 Vivienne Tam　2014 春夏系列

图 2-14　克里斯汀 · 迪奥　1997 年　中式系列

越来越准确。Jean Paul Gaultier 在 2018 年的春夏系列则表现出对民国初期女性发式的强烈兴趣，整个系列所有模特都整齐划一地梳了齐刘海并盘起高高的发髻。流苏和盘扣等鲜明的中式元素被恰当地点缀在整个系列中，营造出神秘的东方韵味（如图 2-17）。

图 2-15　路易 · 威登　2011 春夏系列　折扇

图 2-16　路易 · 威登　2011 春夏系列　流苏高跟鞋

图 2-17　Jean Paul Gaultier　2018 春夏系列

专题四

传统服饰元素在现代设计语汇下的应用主题训练

模块一

传统服饰语言与现代服饰语言的整理

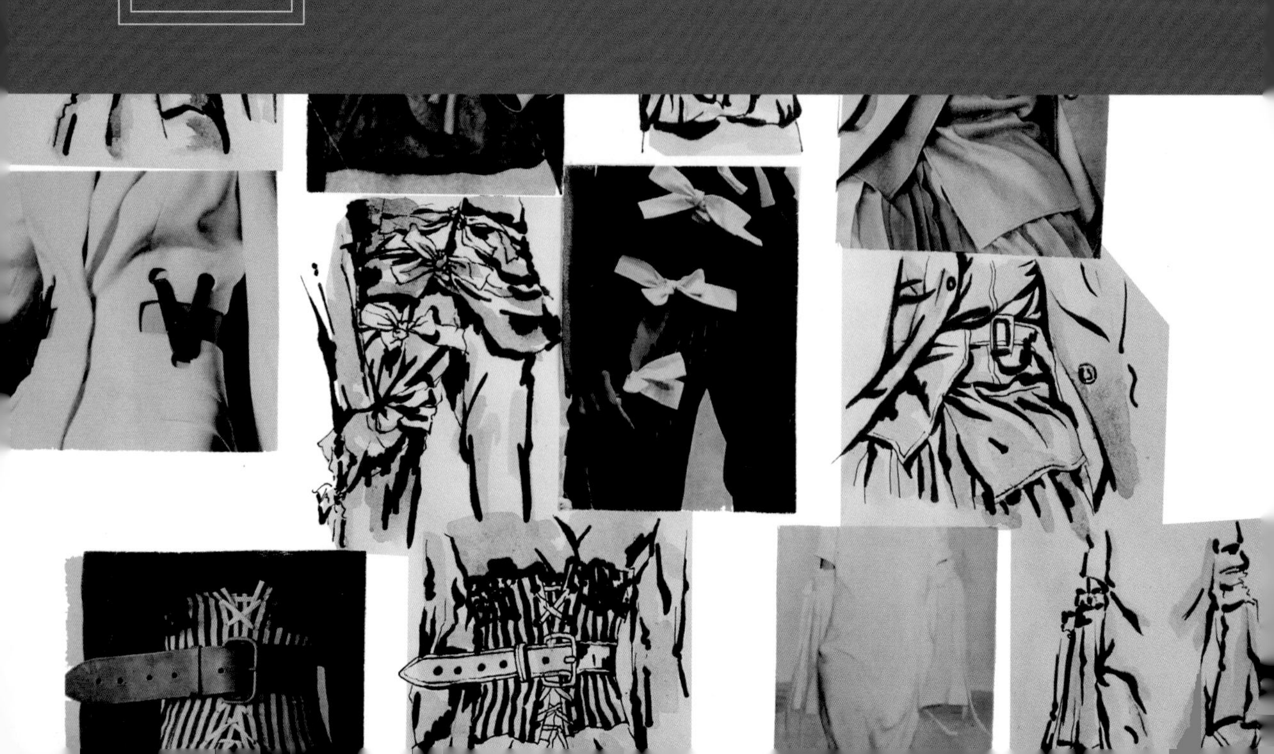

我们前面通过分析若干成功的中式品牌的设计作品，学习了现代时装设计师对传统服饰元素的设计应用，而且明确了从设计灵感到服装语言再到设计款式的设计过程。在模块一中，我们将学习整理提炼清朝服饰设计语言，并且融入现代设计语汇，最终完成中式传统风格现代时装系列设计的完整过程。首要任务，我们需要完成的是中国传统服饰语言与现代服饰语言的收集整理工作。

任务一　传统服饰元素收集

首先，我们需要先回顾一下之前学习过的传统服饰的知识内容，从中挑选整理自己感兴趣、十分喜欢的服饰元素，按照廓形、部件、色彩、图案、面料、装饰、工艺进行分类（如图 1-1）。然后写下自己关于设计主题的五个关键词来明确设计方向，如华丽、复古、简约、盘扣、镶滚，等等，进而根据关键词来收集设计素材。本书为读者准备了灵感元素收集版，我们可以把挑选出的服饰元素和设计素材图片整理到收集版里以备后续使用（如表 1-1）。

图 1-1　素材搜集

表 1-1　传统服饰元素收集版

传统服饰元素	关键词：
廓形	
部件	
色彩	
图案	
面料	
装饰	
工艺	

任务二　现代服饰元素收集

在挑选完传统服饰元素后，我们再来思考一下关于现代时装，尝试找出自己十分喜欢的现代时装类型，并且从中挑选最中意的图片，同样按照廓形、部件、色彩、图案、面料、装饰、工艺进行分类。我们可以把挑选出的服饰元素收集到收集版的空白处，并且写下自己关于挑选设计元素的三个关键词，如中性化、迪斯科、巴洛克，等等（如表 1-2）。

表 1-2　现代服饰元素收集版

现代服饰元素	关键词：
廓形	
部件	
色彩	
图案	
面料	
装饰	
工艺	

任务三　系列设计元素整理

在完成以上两项工作之后，请仔细观察我们刚才准备好的两张设计素材版，并且写下自己关于设计主题的关键词。在传统服饰和现代服饰的“廓形”部分各挑选部分素材图片放到准备的第三张设计素材版的“廓形”部分中（如表 1-3）。廓形可以都是传统服饰类或现

表 1-3　系列设计元素收集版

系列设计元素	关键词：
廓形	
部件	
色彩	
图案	
面料	
装饰	
工艺	

代时装类，也可以两者皆有，这取决于设计师自己的决策。以此类推，其他的六个素材类型都这样整理。如图 1-2 所示为三张设计素材表格的整理方式，图中 A1、B1 等为设计素材图片，第三张表格中的设计素材为前两张设计素材的重新整合。其中传统服装元素和现代素材的比例由设计师自行决定。

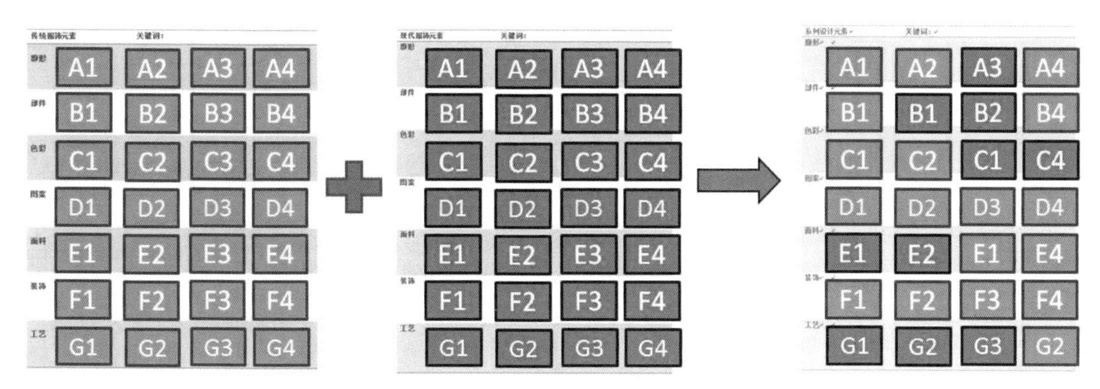

图 1-2　设计素材转化过程

设计元素挑选过程中还要依照确定的关键词，确保系列风格的协调性、一致性和整体性，既要保持时尚度又要融合古典元素，和谐地把灵感元素与服饰素材融合在一起，为后续设计的具体操作提供有力支持（如图 1-3 ~ 图 1-5）。由此，我们完成了系列设计初步的素材整理，成功地把传统服饰元素与现代时装风格整合在一个设计系列中。

图 1-3　设计素材的整合 1

图1-4 设计素材的整合2

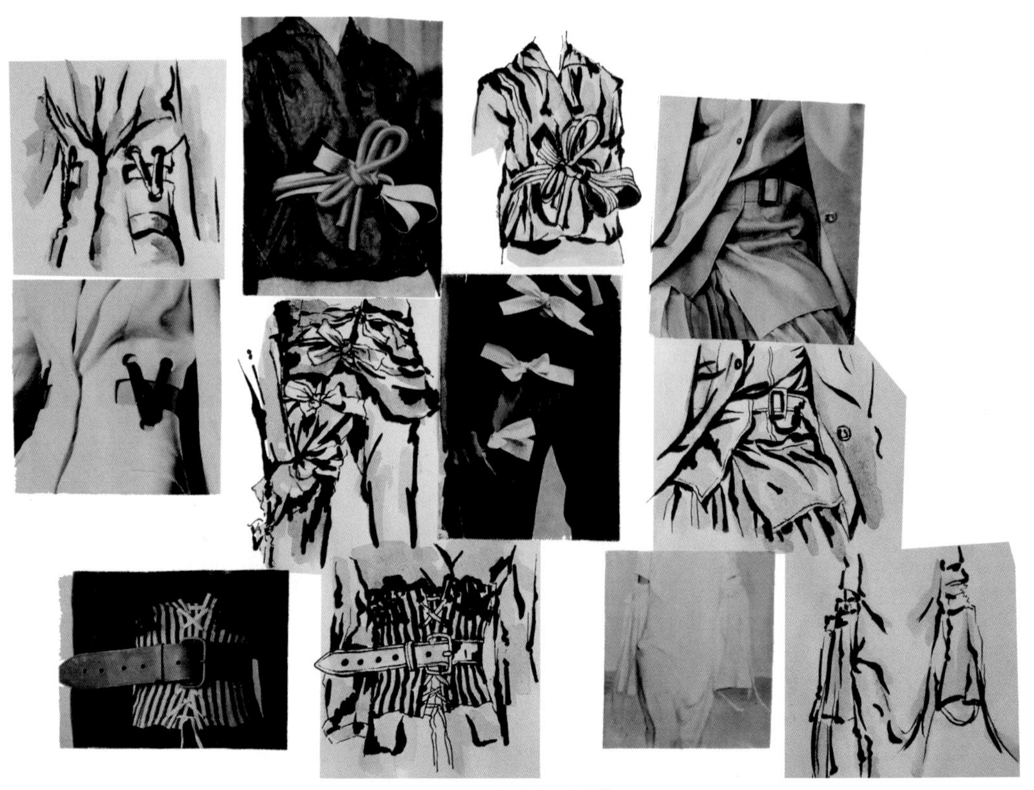

图1-5 细节版的融合

模块二

传统服饰元素在现代设计语汇下的服装系列设计

任务一　明确设计主题，制作设计主题版

在完成前期的灵感素材收集工作后，设计方向基本明确，就需要完成设计主题版的制作工作。主题版就是服装系列整体风格、色调、款式等的艺术化表达，是系列设计的中心思想，是设计关键词的视觉化反应（如图2-1～图2-3）。主题版帮助设计师把控系列的整体风格走向，在设计过程中时刻提醒设计师款式应有的要素。

图2-1　主题版1

图2-2　主题版2

图 2-3　主题版 3

任务二　制作设计版

除了主题版以外，还需要廓形版、色彩版、面料版、图案版、细节（部件）版、装饰版和工艺版等。所有这些设计版的信息组成了这个设计系列所需要的设计元素，是后续款式设计的有力铺垫。

色彩版确定了系列的整体色调，是选择面料和设计图案、装饰部分的参考，甚至帮助确定了系列设计的整体风格基调，是不可缺少的一个设计版（如图 2-4、图 2-5）。有时我们也会把色彩版和面料版放在一起，从而提升工作效率。

图 2-4　色彩版 1

图 2-5 色彩版 2

廓形版能够帮助设计师确定服装的廓形和基本款式造型，在款式设计初期起到了决定服装大致造型的作用，是后续系列设计的基础和重要元素（如图 2-6、图 2-7）。

图 2-6 廓形版 1

图 2-7　廓形版 2

款式造型的基础有了之后，还需要服装细节的支撑。细节包括服装部件的设计，如领子、袖口、口袋、门襟、下摆等；还包括装饰细节，如刺绣、钉珠、编织等；图案设计也属于服装细节的一部分；工艺设计也是不可或缺的细节设计（如图 2-8、图 2-9）。根据细节设计的不同种类，我们可以每一种类做一个版，如果设计体量不大，也可以浓缩成一张细节版。然而，不是所有系列都需要如此丰富的细节设计，而且受限于服装风格，有的细节设计是不需要的，如图案或者装饰。所以由于设计主题、风格等的不同，以及设计师个人喜好的不同，细节版中包含的内容会大相径庭。

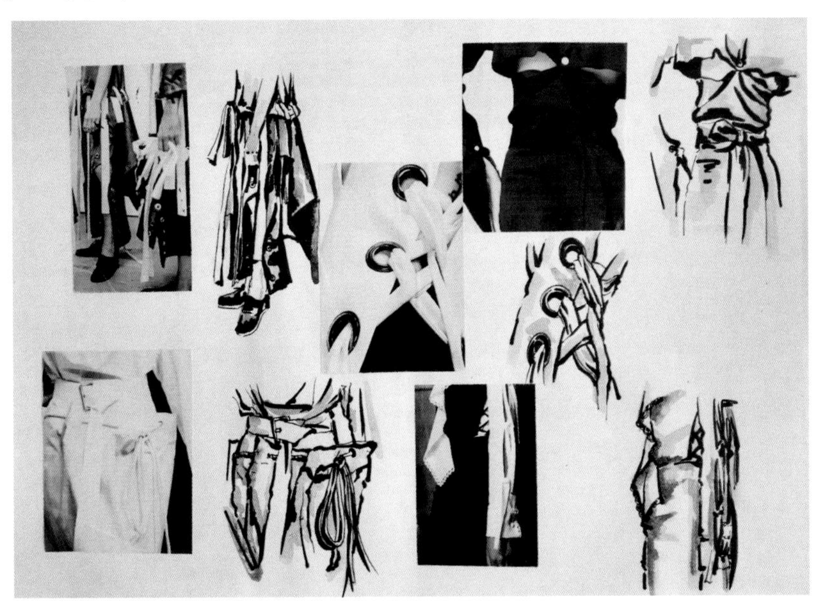

图 2-8　细节版 1

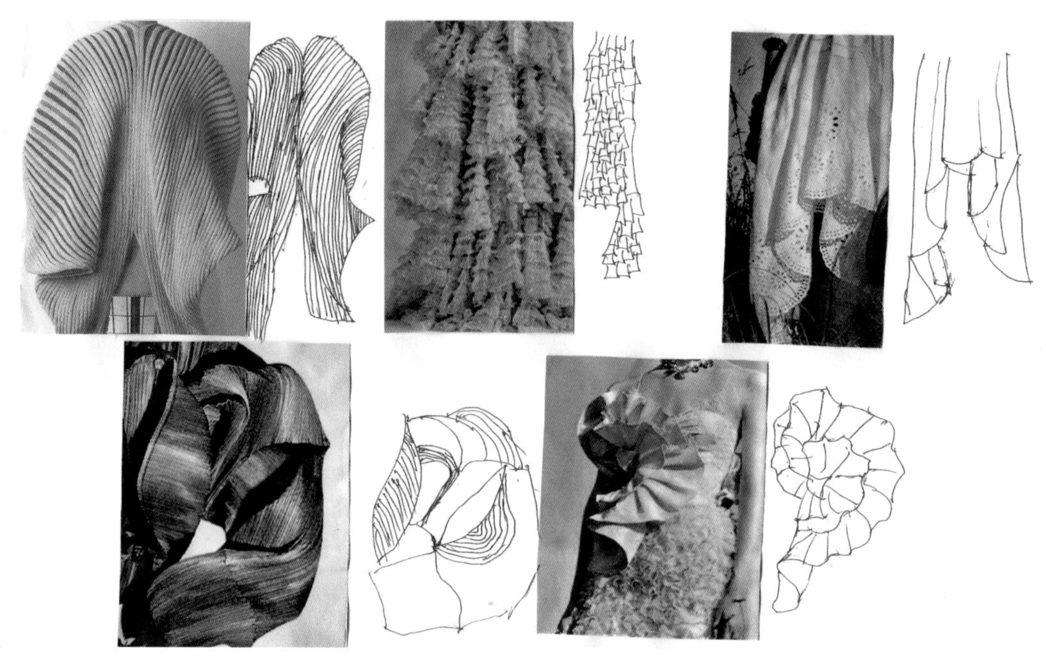

图 2-9 细节版 2

任务三 款式设计

完成了前期设计研究和设计版的制作部分之后，就开始了款式设计部分。款式设计可以使用拼贴的方法快速获得款式造型（如图 2-10、图 2-11）。综合前期设计元素，通过拼贴可获得大量的造型，基于这些设计造型，我们可以进一步调整发展更多款式，从而得到系列款式。

图 2-10 款式拼贴设计 1

图 2-11　款式拼贴设计 2

任务四　绘制效果图、款式图

经过系统的设计研究和款式设计之后，我们一定获得了很多的拼贴设计和手绘设计稿。接下来就需要进行挑选，老师和学生们可以一同讨论，确定最后系列款式，进行效果图和款式图的绘制（如图 2-12）。

图 2-12　款式设计 1

效果图的绘画风格可以根据系列的风格而定，或者按照设计师本人的喜好来确定。如果初学者的绘画能力不佳，可以参考教材中的效果图画法，即依照早期拼贴的造型，按照比例拼贴人体部位，如头面部、胳膊、腿脚等。然后在此基础上绘制服装款式，添加颜色和面料肌理效果（如图 2-13、图 2-14）。

图 2-13　款式设计 2

图 2-14　款式设计 3

附录

相关博物馆官方网址

故宫博物院 https://www.dpm.org.cn/Home.html
中国国家博物馆 http://www.chnmuseum.cn/
中国民族博物馆 http://www.cnmuseum.com/
首都博物馆 http://www.capitalmuseum.org.cn/
上海博物馆 https://www.shanghaimuseum.net/museum/frontend/
南京博物院 http://www.njmuseum.com/zh
黑龙江省博物馆 http://www.hljmuseum.com/
吉林省博物院 http://www.jlmuseum.org/
辽宁省博物馆 http://www.lnmuseum.com.cn/
河南博物院 http://www.chnmus.net/
河北博物院 http://www.hebeimuseum.org.cn/
山东省博物馆 http://www.sdmuseum.com/
山西博物院 http://www.shanximuseum.com/index.html
陕西历史博物馆 http://www.sxhm.com/
安徽博物院 https://www.ahm.cn/
浙江省博物馆 http://www.zhejiangmuseum.com/zjbwg/index.html
湖北省博物馆 http://www.hbww.org/home/Index.aspx
湖南省博物馆 http://www.hnmuseum.com/
广东省博物馆 http://www.gdmuseum.com/
四川省博物馆 http://www.scmuseum.cn/

参考文献

REFERENCES

[1] 王渊. 补服形制研究 [D]. 上海：东华大学，2011.

[2] 李理. 从尚可喜画像看清朝官制服饰 [J]. 收藏家，2015（7）：48-50.

[3] 刘菲. 清前期皇室及贵族服饰研究 [D]. 济南：山东大学，2014.

[4] 祁姿妤. 清代马面裙形制研究 [D]. 北京：北京服装学院，2012.

[5] 陈娟娟. 清代服饰艺术 [J]. 故宫博物院院刊，1994（2）：81-96+100-102.

[6] 陈娟娟. 清代服饰艺术（续）[J]. 故宫博物院院刊，1994（3）：48-61+100-102.

[7] 关皓. 满族传统服饰初探 [D]. 北京：中央民族大学，2005.

[8] 王强，陈东生，甘应进，等. 清代女子上装浅析 [J]. 江南大学学报（人文社会科学版），2008，7（5）：149-152.

[9] 李媚. 清代文官服饰制度研究 [D]. 长沙：湖南师范大学，2009.

[10] 魏娜. 中国传统服装襟边缘饰研究 [D]. 苏州：苏州大学，2014.

[11] 曹锦凤. 晚清民初女上衣之如意云头研究 [D]. 北京：北京服装学院，2016.

[12] 邸雯钰，张原. 浅析清朝后妃的基本发式及其变化原因 [J]. 艺术科技，2015（3）：129.

[13] 邸雯钰. 清朝宫廷皇室女子发式在影视作品中的创新研究 [D]. 西安：西安工程大学，2015.

[14] 冯秋雁. 清代宫廷衣饰皮毛习俗和发展 [J]. 满族研究，2003（3）：79-85.

[15] 杨韶荣. 清代的四大名绣 [J]. 上海工艺美术，2003（1）：57-58.

[16] 刘安定，李强，邱夷平. 中国古代丝织物织款研究 [J]. 丝绸，2012，49（5）：45-49+55.

[17] 曾红，李臻颖，王淑华. 刺绣应用于时装化旗袍的中国式意境美探析 [J]. 大舞台，2013（2）：138-139

[18] 李芽. 明代耳饰款式研究 [J]. 服饰导刊，2013，2（1）：13-22.

[19] 李芽. 中国古代耳饰研究 [D]. 上海：上海戏剧学院，2013.

[20] 扬之水. 中国传统古代首饰概要 [C]. 大匠之门 13. 北京：北京画院，2016：140-152.

[21] 宋歌. 浅谈清代宫廷首饰 [C]. 大匠之门 13. 北京：北京画院，2016：180-197.

[22] 张凯辰. 传统首饰工艺点翠在现代首饰设计中的创新研究 [D]. 西安：西安工程大学，2014.

[23] 王鸣，张鑫. 清代宫廷礼仪服饰色彩研究 [C]. 2015 中国色彩学术年会论文集. 上海：中国流行色协会，2015：287-291.

[24] 王鸣. 新格、清新与唯美——解析清朝晚期女装色彩装饰 [C]. 2012 中国流行色协会学术年会学术论文集. 北京：中国科学技术出版社，2012：186-190.

[25] 陈莹. 论清代凤凰纹样在高级定制服装中的应用 [D]. 杭州：浙江理工大学，2014.

[26] 雍自鸿. 繁缛纤巧意必吉祥的清代染织纹样 [J]. 苏州大学学报（工科版），2006，26（5）：33-34.

[27] 廖军. 清代丝绸纹样艺术初探 [J]. 浙江：浙江工程学院学报，2000，17（3）：208-212.

[28] 李小虎.《明史・舆服志》中的服饰制度研究 [D]. 天津：天津师范大学，2009.

[29] 江兰英.《醒世姻缘传》的明代服饰词汇训诂 [D]. 南昌：南昌大学，2009.

[30] 刘冬红. 明代服饰演变与训诂 [D]. 南昌：南昌大学，2013.

[31] 许晓. 孔府旧藏明代服饰研究 [D]. 苏州：苏州大学，2014.

[32] 陈芳. 明代女服上的对扣研究 [J]. 南京艺术学院学报（美术与设计版），2013（5）: 52-56+212.
[33] 刘晓萍. 明代鬏髻的类造与美趣 [J]. 装饰，2013，（7）: 76-77.
[34] 陈芳. 晚明女子头饰“卧兔儿”考释 [J]. 艺术设计研究，2012（3）: 25-33.
[35] 王静. 我国传统服饰品——眉勒的形制与工艺研究 [D]. 无锡: 江南大学，2008.
[36] 刘畅. 明代官袍结构与规制研究 [D]. 北京: 北京服装学院，2017.
[37] 程佳. 论明代官服制度与礼法文化 [D]. 太原: 山西大学，2008.
[38] 崔靖. 明朝后妃研究 [D]. 天津: 南开大学，2014.
[39] 董进. 图说明代宫廷服饰（一）——皇帝冕服 [J]. 紫禁城，2011（4）: 117-121.
[40] 董进. 图说明代宫廷服饰（二）——皇帝皮弁服和通天冠服 [J]. 紫禁城，2011（6）: 117-121.
[41] 董进. 图说明代宫廷服饰（三）——皇帝常服、吉服与青服 [J]. 紫禁城，2011（8）: 121-125.
[42] 董进. 图说明代宫廷服饰（四）——皇帝燕弁冠服和武弁服 [J]. 紫禁城，2011（10）: 116-120.
[43] 董进. 图说明代宫廷服饰（六）——皇帝便服 [J]. 紫禁城，2012（3）: 114-119.
[44] 董进. 图说明代宫廷服饰（七）——皇后礼服 [J]. 紫禁城，2012（4）: 116-121.
[45] 董进. 图说明代宫廷服饰（八）——皇后常服 [J]. 紫禁城，2012（6）: 118-124.
[46] 董进. 图说明代宫廷服饰（九）——后妃吉服与便服 [J]. 紫禁城，2012（10）: 116-121.
[47] 扬之水. 明代头面 [J]. 中国历史文物，2003（4）: 24-39+94-96.
[48] 扬之水. 明代女子的几种簪钗 [J]. 紫禁城，2007（8）: 204-207.
[49] 扬之水. 明代金银首饰中的蝶恋花 [J]. 收藏家，2008（6）: 45-50.
[50] 扬之水. 明代金银首饰图说 [J]. 收藏家，2008（8）: 57-64.
[51] 扬之水. 明代金银首饰图说（续一）[J]. 收藏家，2008（12）: 35-40.
[52] 扬之水. 明代金银首饰图说（续二）[J]. 收藏家，2009（2）: 27-34.
[53] 扬之水. 明代的耳环和耳坠 [J]. 收藏家，2003（6）: 46-51.
[54] 张广文. 明代玉器专题连载之八——明代的服饰用玉及玉佩坠（上）——宫廷服饰用玉及其影响下的玉佩饰 [J]. 紫禁城，2008（8）: 142-161.
[55] 张广文. 明代玉器专题连载之八——明代的服饰用玉及玉佩坠（下）——民间的佩玉风气 [J]. 紫禁城，2008（9）: 124-133.
[56] 岳冉. 黼黻衣冠——明代宫廷服饰图案研究 [D]. 北京: 北京服装学院，2015.
[57] 吴卫，王静. 明代流行纹样——缠枝纹探窥 [J]. 艺术教育，2010（3）: 132-133.
[58] 廖军. 试论明代锦缎纹样的艺术形式及发展 [J]. 苏州大学学报（哲学社会科学版），2000（4）: 94-96.
[59] 王佳琪. 明代女服中的金属饰扣研究 [D]. 北京: 北京服装学院，2012.
[60] 陈娟娟. 明代提花纱、罗、缎织物研究 [J]. 故宫博物院院刊，1986（4）: 79-86+94.
[61] 陈娟娟. 明代提花纱、罗、缎织物研究（续）[J]. 故宫博物院院刊，1987（2）: 78-87.
[62] 王慧丽. 从月份牌画题材内容的演变透视近代上海市民审美趣味变迁 [D]. 扬州: 扬州大学，2009.
[63] 余红. 清末民初服饰变迁的文化阐释 [D]. 合肥: 安徽大学，2007.
[64] 吴红艳. 晚清民国女装装饰艺术研究 [D]. 株洲: 湖南工业大学，2009.
[65] 郑永福，吕美颐. 论民国时期影响女性服饰演变的诸因素 [J]. 中州学刊，2007（5）: 162-167.
[66] 朱博伟. 旗袍史三个时期的结构研究 [D]. 北京: 北京服装学院，2016.
[67] 黄梓桐.《玲珑图画杂志》中的改良旗袍研究 [D]. 北京: 中央民族大学，2017.
[68] 庞博. “30、40 年代旗袍”与“当代新工艺旗袍”生产工艺的比较研究 [D]. 长春: 东北师范大学，2015.

[69] 魏宏音．试论民国旗袍纹样的装饰特征及表现 [D]．上海：上海师范大学，2014.
[70] 沈征铮．民国时期旗袍面料的研究 [D]．北京：北京服装学院，2017.
[71] 杨雪．民国旗袍工艺之美的研究 [D]．北京：北京服装学院，2017.
[72] 王赛赛．现代旗袍纹样演变及发展 [D]．杭州：浙江理工大学，2016.
[73] 杭一娇．抽象图案应用对于现代旗袍风格的影响研究 [D]．杭州：中国美术学院，2015.
[74] 温润．二十世纪中国丝绸纹样研究 [D]．苏州：苏州大学，2011.
[75] 刘祎．民国日常旗袍面料色彩研究 [D]．北京：北京服装学院，2012.
[76] 卢婉静．民国女性发式与现代文学叙事研究 [D]．厦门：厦门大学，2014.
[77] 李雅靓．民国时期旗袍缘饰的设计研究 [D]．北京：北京服装学院，2017.
[78] 王晶．民国上海电影女明星服饰形象研究 [D]．上海：东华大学，2014.
[79] 冒绮．近代上海女性首饰研究 [D]．上海：东华大学，2014.
[80] 鞠萍．民国时期审美观与上海女性美容妆饰 (1927—1937) [D]．武汉：华中师范大学，2008.
[81] 李红梅．明清马面裙的形制结构与制作工艺 [J]. 纺织导报，2016 (11)：119-121.
[82] 韩纯宇．明代至现代汉族婚礼服饰 600 年变迁 [D]．北京：北京服装学院，2008.
[83] 魏宏音．试论民国旗袍纹样的装饰特征及表现 [D]. 上海：上海师范大学，2014.
[84] 王安华，畅瑛．中国服装发展简史 [M]. 北京：化学工业出版社，2009.7.
[85] 华梅．中国服装史 [M]. 北京：中国纺织出版社，2018.10.
[86] 王渊．服装纹样中的等级制度——中国明清补服的形与制 [M]. 北京：中国纺织出版社，2016.5.
[87] 沈从文．中国古代服饰研究 [M]. 上海：上海书店出版社，2017.8.